异想天开 幻想未来

憧憬力打开创新思维

主编 拾月
编著 冯雪

图书在版编目（C I P）数据

异想天开　幻想未来：憧憬力打开创新思维 / 冯雪编著. -- 北京：现代出版社, 2015.4（2024.4重印）
ISBN 978-7-5143-3539-2

Ⅰ. ①异… Ⅱ. ①冯… Ⅲ. ①创造性思维－青少年读物 Ⅳ. ①B804.4-49

中国版本图书馆 CIP 数据核字(2015)第 067791 号

异想天开　幻想未来：憧憬力打开创新思维

主　　编　拾　月
编　　著　冯　雪
责任编辑　王敬一
内文制作　诚美天下文化传播有限公司
出版发行　现代出版社
地　　址　北京市安定门外安华里 504 号
邮　　编　100011
电　　话　（010）64267325
传　　真　（010）64245264
邮　　箱　xiandai@cnpitc.com.cn
网　　址　www.1980xd.com
印　　刷　唐山富达印务有限公司
开　　本　700mmx1000mm　1/16
印　　张　9
版　　次　2015 年 5 月第 1 版　2024 年 4 月第 4 次印刷
书　　号　ISBN 978-7-5143-3539-2
定　　价　57.00 元

前言

青少年是社会最宝贵的财富，是人类的希望和未来，正所谓“少年强则国强”。正因为如此，大至一个国家、一个民族，小至一个家庭、一个家族，都特别重视青少年的教育问题。希望他们成为社会的中坚，家族的骄傲。一句话，就是希望他们成为成功的人。于国，能成为有用的人才；于家，能成为顶梁柱。不仅仅要学习好，还要有辨别人世间的善、恶、美、丑的能力。在每个人的人生中，除了需要自身的因素之外，还需要拥有感受世界的能力。

处世、释然，能够消除疑虑和浮躁，树立正确的人生观和价值观。

美感、憧憬，能够发现并塑造身边的美，对未来的美好生活充满期待和向往。

尽责、勤奋，能够明白做任何事只有尽职尽责，勤劳奋进，才能收获成功的果实。

仁慈、奉献，能够学会换位思考，用个人的小爱去收获社会无私的大爱。

忠诚、正义，能够修身定性，塑造没有个人之私的，近乎圣贤先哲般的美德。

青春，是每一个人最美好的一段时光，也是每个人人格、性格定型的重要阶段，在这个时期，我们需要享受青春的快乐，同时也需要完成自我塑造。通过心理自助，最终从一个小男生、小女生逐渐成长为一个有着健全人格的人，成长为一个对社会、对家庭、对自我有着相对完整认知的人，成长为能够为自己的未来做主的人。这才是一个最充实、最有价值的青春。每个梦想都值得我们认真对待，每个青少年都是未来的希望。在青春之中，我们不仅要有欢乐，同时也要拥有未来！

本丛书是你化解烦恼的“心灵鸡汤”，可以给你增加快乐的心理自助法则；本丛书会让你认识到：掌控心理，方能掌控世界；改变自己，才能改变一切。本丛书还将告诉你：只有实现积极的心理自助，才能收获快乐而充实的青春。

目录

第一篇 异想天开，打开创新思维

反向思维，找到解决办法 002

创新意识，摆脱现实中的桎梏 006

寻求突破，不拘泥于形式 012

迸发灵感，是创新的根本 018

发展动力，有了想象才有求证 024

第二篇 憧憬希望，让奋斗充满力量

032 树立目标，在大脑里勾勒出人生旅程

038 冒险精神，想要成功需要勇敢前行

044 不惧挑战，人生本就多风雨

050 考虑周全，谨慎对待每一天

054 摆正心态，学会正视自己

第三篇 发掘潜能，开辟新的疆土

换个角度，能看到不同的世界 060

利用机遇，成功迈上新台阶 064

悉心钻研，不给知识留死角 070

灵活多用，不要固定住自己的思维 074

举一反三，让憧憬变成可能 078

目录

第四篇 美梦成真，创造更多的奇迹

084 勤学苦练，勤奋是成功的基石

088 持之以恒，绝不轻言放弃

092 抵抗诱惑，坚定心中的信念

096 多想一步，规避奋斗的风险

100 顽强精神，想象才能变成现实

第五篇 幻想未来，让压力变为动力

调整状态，不给自己太大的压力 108

放松大脑，轻松一刻 112

多去想象，在幻想中勾勒美好 118

收获快乐，人生旅途也能充满欢笑 122

积极人生，扫净内心的尘埃 128

第一篇

异想天开，打开创新思维

有人说，人这一生，至少有5%的时间在做白日梦，甚至有的人会消耗更多的时间。可是，白日做梦，才是一种必要的需求。乔布斯因为做白日梦，所以创造出了苹果；比尔·盖茨因为做白日梦，所以创办了微软公司；爱迪生因为做白日梦，所以有了2000余种的发明创造。白日做梦，异想天开，往往是打开新思维的方式，只有这样才能打开思维的桎梏，才能走出新天地。

反向思维，找到解决办法

故事话题

古希腊著名的哲学家、思想家柏拉图平时在思考的时候与众不同。有一天，他和朋友们来到西西里岛上的某个小镇度假。柏拉图很想去理发，就在镇上打听，镇上的居民说："这里有两名理发师，都开了自己的理发店，但是两家店却截然不同：第一家理发店窗明几净，理发师将这里打理得非常整洁，也很注重自己的仪表；另一家则是又脏又乱，就连理发师自己也不修边幅，头发乱糟糟的。"

柏拉图的朋友一听，心里有了谱，就往第一家理发店走去，但是柏拉图笑了笑，对朋友说要去第二家理发店。朋友都觉得非常诧异，问道："第二家店那么脏，你为什么反而去那里呢？"

柏拉图笑笑回答说："我想，第一家理发店的手艺一定不太好。"

镇上的居民非常惊奇地说："哎呀，这位先生猜的一点都不错！您是怎么猜到的呢？"

柏拉图说道："第一家店的理发师能够有时间去打扫理发店，就足以证明他店里的生意并不好，而第二家店之所以又脏又乱，正是因为他的生意太好了，所以理发师每天忙着给客人理头发，哪有时间打理店铺呢？"

众人一听，这才恍然大悟。

故事解析

朋友们之所以会选择第一家理发店，其实就是顺着镇上居民的话去思考，在一家干净的店和一家脏乱的店之间，他们自然会选择干净的理发店。但是柏拉图却反其道而行，他通过结果去推论理发店的生意，这就是所谓的逆向思维，也叫反向思维。

每当我们遇到问题时，都会按照自己已经习惯的思路去思考，但从另一个角度来说，人们大脑内习惯的定向思维虽然能够有效地节省时间，但是却很轻易地让我们陷入这种思维模式的禁锢中。

这种禁锢是无形的，甚至是人们所不能察觉的，但是适当地运用反向思维，却往往能在关键时刻起到重大作用，从而找到解决问题的方法。

故事穿越

包青天——包拯在民间流传着很多传说事迹，甚至有很多都成为了影视作品的题材。电视剧《少年包青天》中就曾经引用了这样一个故事来体现包拯的聪明才智。

有一天，包拯遇到了一个恶霸正在欺压民女，因为民女的父亲欠了恶霸一些钱。限期到了，民女父亲仍然没有办法还钱，恶霸想要强抢民女做自己第九房妾，可是民女并不愿意，所以就在大街上拉拉扯扯起来。

包拯连忙制止了恶霸的行为。恶霸一看，包拯一身正气，便另想了个法子，他掏出一粒白子和一粒黑子，对着民女父亲说道："如果你猜中了我哪只手里拿的是黑子，我不仅不强迫她做我的妾，那笔钱也一笔勾销，你敢不敢猜？"

民女父亲非常犹豫，不知道该选哪一边。包拯看此情形，就立刻说道："老伯，我猜这个很在行的，不如我替您吧。"说完，他就抓住恶霸的左手说："我猜，这只手里的一定是黑子！"

恶霸听闻哈哈大笑，说道："你猜错了！你猜错了！这房妾我是娶定了！"

包拯一听，很是吃惊："猜错了？不可能啊！"他一边说一边抓起了恶霸的另一只手，果然看到右手里是一颗白子，于是他便说："你看，刚才我猜左手是黑子，你看你的右手里明明是白子，那我猜左手的是黑子，怎么会错呢！难道说，你两只手里的都是黑子不成？"

原来包拯早就猜到恶霸会偷偷地调换棋子，于是就想出了这样一个方法。恶霸的诡计被戳穿了，只好狼狈而逃，再也不敢提强迫娶妾的事情了。

故事微语

如果按照正向思维来思考，在选择了左手之后，肯定是要看左手里的棋子，可是包拯却反其道而行，先看了右手的棋子，通过右手棋子的颜色来断定左手棋子的颜色，这就是反向思维。

反向思维，往往是通过结果来推算原因，或者是从已成定论的观点反过来思考，这种“反其道而思考”的方式，往往能够带来意想不到的结果。因为在现实生活中，我们常常被很多无形的条条框框所束缚，在思考的时候也常常因此而受到阻碍。而反向思维恰好能够突破这些阻碍，自然就能够有新的收获。

人们常说，想要成功，就要具备创新意识，就要敢想敢干。而在思考的过程中，反向思维常常能够成为突破思维禁锢的最好方式。所以有些时候，我们遇到了困难，不妨反过来想想，或许就能够想到新的方法。

心灵箴言

创新就是创造性地破坏。

——[奥地利] 熊彼特

创新是科学房屋的生命力。

——[美] 阿西莫夫

聪明的年轻人以为，如果承认已经被别人承认过的真理，就会使自己丧失独创性，这是最大的错误。

——[德] 歌德

创新意识，摆脱现实中的桎梏

故事话题

建筑工程的祖师爷鲁班一生之中发明了很多木工工具，这和他的奇思妙想有着密不可分的关系。

有一次，鲁班接受了一个建筑宫殿的任务，古代的宫殿都是用木材搭建而成，想要修建一座宫殿就需要大量木材。可是当时的工具只有斧子，用斧子劈砍树木，不但效率非常低，而且让人觉得非常累。

为了赶工，鲁班带着自己的徒弟们整日在森林里砍伐树木。突然，鲁班感觉手指尖处有点刺痛，他低头一看，原来在无意中他的手指被野草划破了。鲁班觉得很奇怪，这种野草怎么能把手指划破呢？他便摘下一株野草仔细观察，这才发现原来野草的两边长了许多非常锋利的细齿。

后来，鲁班又看到过一次蝗虫吃树叶的样子，他看到蝗虫的牙齿也是这种细齿的模样，所以才能迅速咬断树叶。根据这两件事情，鲁班心里有了想法，他找来一根很粗的竹子，削出锯齿的样子。果然，用这根竹子去锯木头非常管用，几下就将一棵大树锯倒了，但是用了不久，竹子的锯齿就变钝了，或者掉落了。鲁班决定用铁片代替竹子，他找到了铁匠师傅，请他专门打造一根带锯齿形状的铁片。鲁班和他的徒弟拿着这根铁片在一棵树上实验了一下，果然又快又省力。这就是我们现在的工具——锯。

故事解析

鲁班之所以能够发明出众多工具，就是和他时刻拥有创新思维有着密切的关系。创新，是人类社会得以发展的巨大动力，无论是在科学技术领域，还是在社会生活方面，如果没有创新，那么一切都将停滞不前，我们也只能日复一日地重复着过去的生活。

人，不能失去创新意识。自古以来，人类有很多伟大的发明创造，比如中国古代四大发明，这些都是人们通过对生活点滴的观察，再加上自己的思索，从而形成了社会生产力。

创新，并不等于胡乱猜想，也绝非简单的白日做梦，而是有目的地思考。在现实生活中，有很多人都会存在这样的误区，认为创新离我们的生活非常遥远，创新是发明家、科学家的专利，作为普通人，只要享受创新的结果即可。其实，创新并不仅仅存在于科学领域，同样存在于生活中，就好比鲁班发现了锯，从而提高了自己的工作效率。

故事穿越

被称为“微生物之父”的科学家列文虎克，在成为科学家之前只是一个普通的看门人，根本就没有受过高等教育。看门的工作非常清闲，自然薪水也不是非常丰厚。列文虎克非常喜欢搞些小发明，尤其是放大镜，可是他居住的是个小地方，还没有什么店铺有放大镜。

有一天，列文虎克听朋友说，阿姆斯特丹有一家眼镜店进了一批放大镜，可是价格非常昂贵，列文虎克亲自去了之后一看，果然如此，就算他拿出所有的积蓄，也不够买一个放大镜。就在他非常失望的时候，却看见在眼镜店的一角，一位老师傅正在磨镜片，他就上前询问，原来这位老师傅正在用普通的镜片制作放大镜。列文虎克就站在一旁观看，并且记住了打磨镜片的方法。

回到家之后，他就找出普通的镜片，学着老师傅的样子打磨起镜片来。经过很长时间之后，列文虎克不仅完成了打磨放大镜镜片的磨制，还突发奇想，将放大镜的镜片固定在一个支架上，在它的下面放置了一个金属片，并且在金属片上钻了一个孔。正是他的这种创新思维和突发奇想，打造出世界上第一款显微镜。

在列文虎克的一生之中，他先后磨制了超过500个镜片，组装了大小各异、放大程度不同的近400台显微镜。并通过广泛的细致观察，成为很多微生物和细胞的第一个发现者。

这名普通的看门人，由于时刻有着创新的想法，最终成为了“微生物之父”。

故事微语

列文虎克在成为科学家之前，只是一个普普通通的看门人，非常平凡。按照他的人生轨迹来看，就是和很多普通人一样。但就是有了创新思维，让没什么文化的列文虎克竟然变成了“微生物之父”，足以见得创新带来的力量。

在现实生活中，创新往往具有化腐朽为神奇的力量，更能够成为我们人生中的曙光，带给我们希望。创新思维并不仅仅存在于学习工作中，在生活中同样随处可见，就像列文虎克一样，从普通人变成了科学家。而很多人同样也是因为具有创新意识，在生活中找到了很多窍门，虽然这种创新并非是多么伟大，但同样也为我们提供了很多便利。

所以，无论在哪个领域，都不要忘记创新，因为创新是推动所有事物发展的动力，创新是成功推动人类进程的无形的手。

心灵箴言

对新的对象必须创出全新的概念。

——[法] 柏格森

凡能独立工作的人，一定能对自己的工作开辟一条新的路线。

——吴有训

对于创新来说，方法就是新的世界，最重要的不是知识，而是思路。

——郎加明

对于一个艺术家来说，如果能够打破常规，完全自由进行创作，其成绩往往会是惊人的。

——[美] 卓别林

寻求突破，不拘泥于形式

故事话题

现如今众所周知，有很多东西都能被燃烧，是因为空气中的氧气可以助燃，但是在18世纪以前，人们并不知道氧气的存在，当时最权威的理论叫“烧素说”，认为能够燃烧的物体是因为这种物体本身具有“烧素”这种特殊的物质。

1774年，英国科学家普列斯特列在给氧化汞加热的时候，有了一个新的发现，就是加热之后分解出来的气体可以促使物质进行燃烧，他觉得非常奇怪，但是碍于当时已成定论的“烧素说”，他并没有将这个实验公布出来。后来，普列斯特列到法国进行交流，认识了化学家拉瓦锡。

两个人在实验方面进行了交谈，拉瓦锡非常感兴趣，便按照普列斯特列所说重新做了一遍实验，获得了这种气体，并且将它命名为“氧气”，并且根据这个实验重新研究出了燃烧的氧化理论，推动了科学发展。

故事解析

拉瓦锡能够创建出燃烧的氧化理论，并且成功命名了“氧气”，实际上最先发现氧气的并不是拉瓦锡，而是普列斯特列，但是他没有突破已成定论的勇气，所以就失去了这个机会。

在生活和事业中，总会有很多条条框框束缚着我们的思想，这些束缚往往是过去已成定论，又或者是生活中大家约定俗成的事情。很多人都不去想这些思想究竟是对还是错，只是在脑海中形成这样一个概念：大家认为是对的，那就一定是对的。但实际上，真正能够取得进步的，恰恰不是这些约定俗成、已成定论的理论或者是习俗。即便是有些人知道这些或许存在些许的错误，但是他们没有勇气去挑战，只能被困守在那些固定的认知中，从而失去了机会。

所以，光有创新思维还不能够成就人生的辉煌，我们还要拥有突破传统观念的勇气，要有不拘泥于形式的勇气。在这个过程中，会遭受很多人的非议，但这些都不能成为我们退缩的理由，更不能成为禁锢我们思想的束缚！

故事穿越

众所周知，“光子理论”是爱因斯坦非常伟大的科学发现，它不仅仅奠定了量子力学的基础，同时也为牛顿提出时间和空间理论奠定了基石。但是，最早发现这个理论的人，并非是爱因斯坦，而是著名的学者普朗克。

早在1900年，普朗克就曾经发现了光子的存在，并且也得出了光子力学的假设和普朗克公式，可是他却发现，普朗克公式和牛顿曾经提出的理论恰好是相违背的。普朗克非常崇拜牛顿，在他心里，牛顿是绝对不会出错的，并且在当时那个年代，牛顿的理论也被封为权威，所以普朗克心生退缩，只好宣布自己的假设是无稽之谈。但对此，普朗克内心也是非常难过，他曾经对自己的儿子说：“孩子，非常遗憾，我相信自己的这个发现和牛顿定律同样重要。”但是由于他的退缩，物理学理论的研究停止了几十年。

直到爱因斯坦的出现，他通过研究发现，普朗克的理论才是正确的，不仅如此，他还将普朗克假设纵向引申，最终推断出了光子理论，成功奠定了物理光子力学的基础，创立了震惊世界的《相对论》。

相对论

故事微语

在人类科技文明的发展历程中，有很多时候，前者的理论都成为后来人的禁锢。我们不能不承认，很多科技都受到环境、实验手段等客观因素的制约，所以有很多时候，早先的科学家有很多都没有实验数据做依据。这些对于后来的科学家都会成为禁锢和束缚。

对于普朗克而言，牛顿的理论就成为一道无形的铜墙铁壁，将他挡在了门外。不仅是普朗克，在科学领域之中，还有很多这样的事例，无一例外都是因为后来者只有创新的思维，却没有突破桎梏的勇气，所以最终错失了良机。

在现实生活中，我们每个人都有属于自己的自由，但是在精神上，却同样也被很多看不见、摸不到的东西所禁锢，这些禁锢都是因我们的成长环境、所受教育、工作场合等诸多因素所造成的，想要突破这些束缚，就必须拥有突破的勇气。所以，无论面对怎样的流言蜚语，只要认为自己是正确的，就无需去在意他人的目光和想法！

心灵箴言

非经自己努力所得的创新，就不是真正的创新。

——[日] 松下幸之助

光看别人脸色行事，把自己束缚起来的人，就不能突飞猛进，尤其是不可能在科学技术日新月异的年代里生存下去，就会掉队。

——[日] 本田宗一郎

凡是创新的时代总会有人死在半路上，但是这些失败或者遇到困难的公司并不代表他没有价值，他的价值就是告诉大家其实这个领域是可以一试的。

——李学凌

迸发灵感，是创新的根本

故事话题

享誉世界、被无数青少年朋友喜爱的《哈利波特》系列小说，小说的作者 J. K. 罗琳在创作这部小说的时候，正处于人生的低谷。那时候的她刚刚和丈夫离了婚，独自一人带着孩子，靠着教书赚取微薄的薪水支撑着生活。这时候，她的脑海中突然出现了写书的灵感。

早在 1989 年，罗琳就有一次奇遇，她常说，当时她坐着火车前往伦敦，在火车上看到了一个黑发巫师在车窗外对着她微笑。尽管这或许并非是现实生活发生的，又或者这不过是罗琳一时眼花看错了，可是这个场景却触发了她的灵感，让她开始有了天马行空的想象。

当时她坐在火车上，脑海中却不断闪现出巫师的样子，她甚至想象出小巫师从出生之后到成长之后会遇到什么事情呢？就在这个旅途过程中，J. K. 罗琳就在脑海中构思出了哈利•波特的形象——一个 11 岁的小男孩，瘦小的个子，黑色的乱蓬蓬的头发，明亮的绿色眼睛，戴着圆形眼镜，前额上有一道细长、闪电状的伤疤。

但是当时的 J. K. 罗琳并没有立刻动笔撰写这个故事，直到 1996 年，她的感情生活发生了波动，她才静下心来开始撰写《哈利•波特》，最终，这个额头上有着伤痕的 11 岁小男孩，成为了风靡世界的巫师英雄。

《哈利波特》

故事解析

J.K.罗琳最初只是一名非常普通的女人，甚至和很多家庭幸福的女人都不能相比，她失去了自己的家庭，在这样的困境中，正是这个灵感激发了她无限的创作，让她从一名失意的女子成为世界闻名的作家，不仅解决了她生活贫困的现实，还让她通过自己的双手成为亿万富翁。

有一位名人曾经说过："成功，是用99%的汗水和1%的灵感，但是这1%的灵感却是最重要的。"灵感是可遇不可求的，但是灵感同样也是有一定规律的，那就是会眷顾那些勤于思考、善于观察的人。

想要获得灵感，就必须勤于思考，并且要善于观察生活中的点点滴滴，让这些生活的智慧都融入到思维中，自然就能够激发灵感。如果不去思考，永远都追随别人的脚步，那么就只能是永远跟在别人后面，那么又怎么能够获得成功呢?

故事穿越

世界建筑大师格罗培斯有一个代表作品，就是大家都熟悉并且喜欢的“童话天堂”——迪斯尼乐园。但实际上，在接到这个任务之后，他曾经非常苦恼，尤其是各个景点之间的路径该设计成什么样子，让这位世界建筑大师非常头痛。

有一天，格罗培斯刚刚参加完巴黎的一个庆典，在前往地中海海滨的路上，他看到很多当地农民种植的葡萄园，其中有一个葡萄园是采用非常自由且原始的途径招揽生意。格罗培斯非常好奇，这个葡萄园主是如何想出这个方法的呢？于是他就上前去询问个明白，原来这个葡萄园园主是一位年纪已经很大的老太太，她没有体力去招揽游客，就想出一个方法，在自家葡萄园的门口放上一个箱子，游客只需往箱子里投掷5法郎，就可以进入园子随意采。

这种让人充分感受大自然自由的方式给格罗培斯非常大的启发，于是他连忙给迪士尼乐园的工人们发了电报，让工人们在景点之间全部撒上草种，并且提前开放迪士尼乐园，让很多家长带着小朋友们在这里尽情地玩耍。

就这样，在迪士尼乐园开放的这段时间里，很多小孩子都在这些草地上随意踩出小路，后来，格罗培斯又让工人按照这些踩出来的痕迹铺设了人行道。这种尊重自然、感受自由的设计让迪士尼乐园路径的设计被评为“最佳设计”。

故事微语

任何奇思妙想都离不开灵感，就如同格罗培斯能够创造出这个被称作“最佳设计”的人行道，正是因为他善于观察生活中的事物，并且从中收获了灵感。

灵感，来源于生活，它并非完全是依靠天马行空的想象，同样也需要很多生活中的细节来触碰。

或许有些人会有这样的误解，认为灵感不过是艺术家、作家这种职业才需要的，和普通人并没有太大的关系，但实际上，灵感能够改变生活中各个领域中碰到的问题。工程师需要灵感来画图；教师需要灵感来想出一种学生更容易领悟的教书方法；就连家庭主妇在做菜的时候也同样需要灵感。

灵感，是生活的点缀，能够让生活充满了温馨和快乐；灵感，是工作中的乐趣，能够让工作事半功倍；灵感，更是创作中不可缺少的灵光乍现，能够妙笔生花。所以，我们应该积极地去寻找灵感，从而改变生活，甚至是走向成功。

心灵箴言

能正确地提出问题就是迈出了创新的第一步。

——[美] 李政道

人类的创新之举是极其困难的，因此便把已有的形式视为神圣的遗产。

——[德] 蒙森

如果你要成功，你应该朝新的道路前进，不要跟随被踩烂了的成功之路。

——[美] 约翰·D.洛克菲勒

企业的成败在于能否创新，尤其是当前新旧体制转换阶段，在企业特殊困难时期，更需要有这种精神。

——黄汉清

发展动力，有了想象才有求证

故事话题

在西方国家，儿童的想象力是家长心中的头等大事，如果谁要是损害了孩子心中的联想能力，就会成为家长心中的“头号敌人”。所以，在西方国家的很多学校之中，都非常重视学生的联想力和创造力。

在1968年，美国发生了一起引起轰动的诉讼。一个叫伊迪丝的小女孩刚满3岁，有一天，她和母亲出去逛街，在路过一家商店的时候，伊迪丝指着门牌上的“OPEN”字样，骄傲地告诉母亲，她认识了这个单词第一个字母是“O”。

听到孩子这样说，伊迪丝的母亲反应非常吃惊，她立刻询问伊迪丝是怎么认识的。伊迪丝回答说，是在幼儿园里老师薇拉小姐教给她的。伊迪丝的母亲非常气愤，她认为薇拉小姐和幼儿园剥夺了自己孩子的想象力，于是就将薇拉小姐所在的劳拉三世幼儿园告上了法庭。

或许大家都觉得这个官司非常惊人，但是伊迪丝的母亲却有自己的理由——在小孩还不需要认识英文字母的时候，幼儿园过早地教会了他们，这样一来就剥夺了孩子们童真的想象力。在此之前，伊迪丝只会将“O”说成是太阳、足球、鸡蛋等等圆形的东西。可是幼儿园教会了她之后，她就失去了这种想象的能力。所以，她要求幼儿园承担这种后果，并且要求赔偿精神损失费1000美金。

结局有些出人意料，毕竟在大众的眼中看来，这场官司多多少少都有些荒唐，但是，法庭却宣布伊迪丝的母亲胜诉。

Open

故事解析

或许有些人会认为伊迪丝的母亲完全是小题大做，但是我们却不得不承认，中西方在教育方面的区别非常大——西方人比较侧重于孩子的想象力，而东方教育则是比较侧重孩子的逻辑和数字方面。

想象力，是很多人并不重视的一个无形的宝藏，因为有很多发明创造首先都是在想象中得以实现。古代时没有飞机，人类就会想象如果能够像小鸟一样飞翔那该有多好！因为有了这个想象，人类才发明了飞机。

毫不夸张地说，人类生活中有太多东西都是依靠着想象发明出来的，虽然想要发明这些，必须依靠很多科学实验来辅佐，可这一切都源自于想象。

故事穿越

北宋皇帝宋徽宗赵佶喜欢绘画，并且是一个善于画花鸟的高手。有一次，宋徽宗想要招募一个御用的画师，于是就下令让全天下会画画的画家都来考试。经过一层层地筛选，其中有几名画师脱颖而出，最终等待他们的就是皇帝亲自考试。

考试的当天，皇帝出了一道题目——“踏花归去马蹄香”，让几名画师按照这句诗句来作画。过了一段时间，画师们就将自己的作品呈交给了宋徽宗。宋徽宗非常仔细地考察一番。

第一个画师是在“踏花”二字上做学问，画了很多的花瓣，一个人骑着马在花瓣上行走。宋徽宗看了看，摇了摇头。

第二个画师是在“马”上做文章，画了一个跃马扬鞭的少年。宋徽宗还是很不满意。

第三个画师的重点是“马蹄”，整幅画中画了一个大大的马蹄。这令宋徽宗哭笑不得。

只有一位画师别具一格，他并没有单纯从诗句中某一个字、某一个词来着笔，而是理解了整句诗词的含义：在一个夏日，一个人骑着马赶路，但是在飞奔的马蹄处，有几只飞舞的蝴蝶。一下子就突出了“踏花归来马蹄香”中最无形的“香”，并且极具趣味。宋徽宗一看，便非常欣赏，立刻就点中了这名画师。

故事微语

一幅画，不仅画的人发挥了自己的想象，就连看画的人同样也被带入了这种想象当中，试想一下，在一幅画作之中，马可以表现出来，踏花也能够表现出来，那么香味要通过什么来表现出来呢？这位画师通过几只飞舞的蝴蝶让看客们想到，正是这股香味吸引了蝴蝶。

想象力，不仅仅能够创作出一幅生动的画作，同时也能够改变我们的生活。古往今来，有太多发明创造都离不开想象，甚至在生活中的很多窍门同样也是想象得来的，比如中国有八大菜系，民间的家常食谱更是数不胜数，这些都是依靠着百姓们的奇思妙想，才得以成为一种习以为常的流传。

人们的思维往往都具有这样一种模式，从好奇到想象，从想象到求证，从求证最终收获成功。如果没有了想象，那么自然就不会有动力让我们去求证，自然也就无从谈及创新。所以，随时随地都不要丢弃想象力，因为它才是人类发展最无形的动力。

心灵箴言

今天比以往任何时候都更需要幻想、梦想和预言，即对潜在的明天的想象。

——[美] 托夫勒

每一个时代都是靠幻想养育的，以免人们过早地放弃生活，使人类走向死亡。

——[英] 康拉德·约瑟夫

缺乏智慧的幻想会产生怪物，与智慧结合的幻想是艺术之母和奇迹之源。

——[西班牙] 哥雅

所谓天才人物本来就是指那些十分富于幻想的人。天才人物总是积极主动地使用幻想能力。总之，他们在思考问题时总是用幻想来开道，在幻想的遥远彼岸获得启示之后再返回到现实之中，因而思想的跨度极大。

——[日] 高桥浩

第二篇

憧憬希望，让奋斗充满力量

每个人活在这个世界上，并非是如同朽木和顽石，因为我们都有着自己的思维和梦想。我们都渴望成功，希望有一天能够美梦成真；我们都渴望收获幸福，希望有一天能够拥有属于自己的幸福。是的，这是每个人的愿望，也是每个人最热切的憧憬。正是这份强烈的愿望，让我们充满了斗志，迎接生活中的一切挑战。

树立目标，在大脑里勾勒出人生旅程

故事话题

吴宇森作为香港著名导演，他拍摄的经典电影《英雄本色》展现出男人之间的兄弟之情、义薄云天，以独特的“暴力美学”，开启了电影艺术的新类型。然而在吴宇森追求电影梦想的过程中，和很多成功人士一样，他遭遇了很多打击：

吴宇森自幼就非常喜欢看电影，曾经有很长一段时间，他每天都会跑去看晚场电影，电影结束的时候已经接近午夜零点。那时候的他就想，什么时候我也能拍摄出一部电影呢？但是当他把这个想法告诉给父母之后，他的父亲吴倬云极力反对。吴倬云的脑海里还保留着中国旧时文人的传统思想，从来就不喜欢电影，甚至斩钉截铁地说：“你搞话剧都可以，拍电影则绝对不行，因为电影是虚假的，而话剧才是真实的。”

看着父亲这边不支持，他就只好跑去求母亲，可是没想到一向对他疼爱有加的母亲同样反对。他的母亲一直非常希望吴宇森能够好好学习，做个知识分子。为了断绝吴宇森这种看似不切实际的想法，她每次发现吴宇森跑去看电影回家太晚，就会拿着家里的藤条狠狠地打儿子。但是即便如此，吴宇森却从未想过放弃电影这个梦想。

一次偶然的机会，吴宇森阅读了《中国学生周报》，这份报纸上常常会刊登很多具有哲理性和艺术性的文章，他看了一眼就很难再放下。在《中国学生周报》的报社里，也有很多电影爱好者，吴宇森写信给报社，和他们共同交流电影知识，这些都让吴宇森受益匪浅。他曾经坦言说："没有那时候的《中国学生周报》，就没有今天的吴宇森。"后来，这群志同道合的电影爱好者一起打工赚钱、存钱去买胶片和设备，拍摄了一些短小的实验电影。

通过他的锲而不舍，凭借勤奋与执着，终于得到了大导演张彻的赏识，也得到了父母的认可。张彻导演的言传身教，使吴宇森迅速地成长，开启了自己电影世界的大门。

故事解析

吴宇森之所以能够成为著名的导演，正是和他从小树立了要当电影人的目标有着密切关系。因为有了要做电影人的目标，在他的生活里，无时无刻地不在吸取着和电影有关的知识，而这一切都是他日后成为导演所需要积累的基础。

我们每个人都有自己的梦想，也会为自己树立一个目标，这个目标或许非常遥远，但是每当我们进步一点点，就是在向这个目标靠近。当然，在我们奋斗的过程中，我们也会感到疲倦，也会受到挫折，但是在我们的内心中只要坚守自己的目标，就一定能够拥有无穷的力量，去战胜身体上的疲倦和挫折带来的无力感。

树立目标，并不仅仅是说大话，更重要的是自己精神上的寄托。人并非是动物，只需要解决温饱就能够实现自己的价值，只有当我们在精神上有所追求，才是真正的人生！

故事穿越

曾经有一位心理学家做过这样一个实验：他组织了三组人，让他们分别向三个村子出发，这三个村子距离起点都只有 10 千米的路程。

心理学家没有告诉第一组组员任何信息，他们既不知道村庄的名字，也不知道路程有多远，只是知道要跟着向导走。第二组组员知道村名和距离，但是这条道路上没有任何指示牌，更没有里程碑。第三组的组员知道所有信息，并且这条道路上每隔 1 千米都有一块里程碑，表明距离某个村落还有多远。

三组情况不同，在行走的过程中自然状况也不相同：第一组人刚走出两、三千米的时候就觉得疲惫不堪，走到一半路程的时候，几乎所有的组员的情绪已经达到了极致，他们非常愤怒地质问向导，究竟要走到什么时候！甚至有组员直接坐在路边不肯再走。第二组的人只能依靠自己的直觉来判断自己已经走了多少路程，但当走了一多半路程之后，组员也都疲惫不堪，只是依靠着一股子信念坚持到了最后。当他们走到村落的时候，有一些组员直接瘫倒在地。第三组组员的旅程就比前两组轻松许多，这一路上每前进 1 千米，就有里程碑为他们指路，所以他们的心情非常轻松且愉悦，大家相互说说笑笑，一路上唱着小曲儿，就走到了目的地。

根据这项实验，心理学家得出这样的结论，他认为：当人的行动有了明确的目标时，就能够把行动和目标不断地加以对照，从而在内心里明确自己的行动速度和目标之间的距离，这样就能够克服一切困难，努力达到目标。

故事微语

心理学家通过这个实验证明了目标能够带给人们无穷的动力，是支撑人们走过困境的勇气。有很多人都曾经有过长跑的经历，当身体疲倦的时刻，当我们内心想要放弃的时刻，内心却依然坚定，因为我们知道终点就在那里！

其实人生就和长跑一样，如果没有目标，那就成了一场看不到终点的长跑，只能够日复一日地重复着碌碌无为，全然不知道自己的人生意义究竟是什么，那么这样的一生又有什么价值呢？

目标，是我们奋勇前进的动力，更是我们人生旅途的指路明灯。在我们的现实生活中，有很多梦想并不一定能够实现，但是只有拥有了梦想和目标，人生才不会虚度光阴。

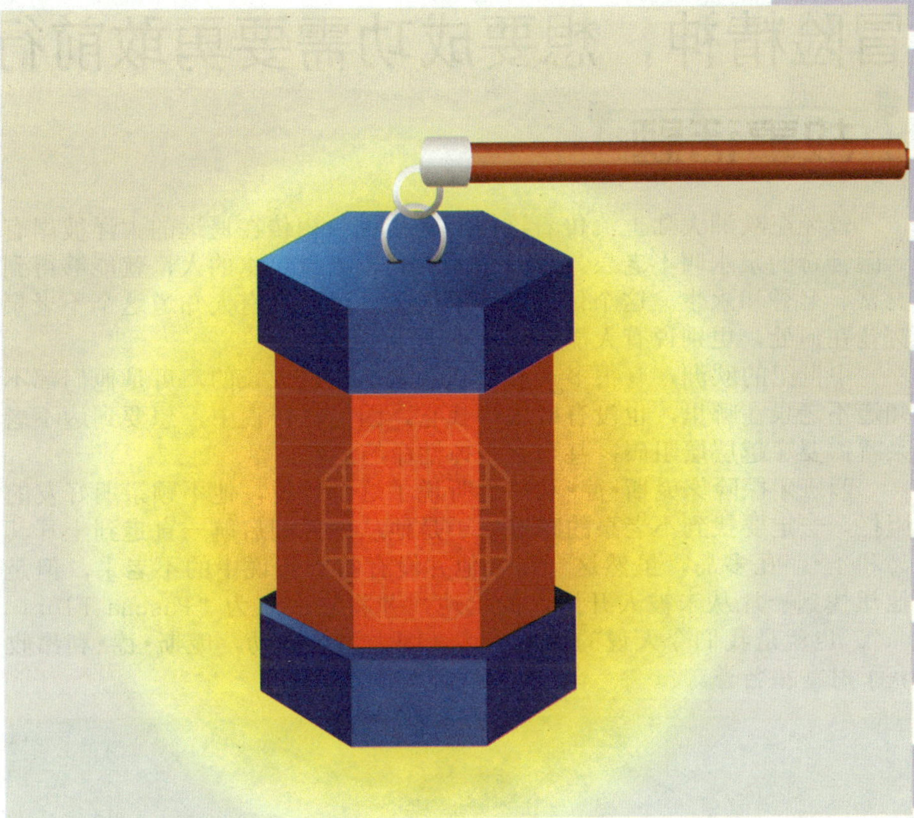

心灵箴言

人类的心灵需要理想甚于需要物质。

——[法] 雨果

一个人的理想越崇高，生活越纯洁。

——[爱尔兰] 伏尼契

世界上最快乐的事，莫过于为理想而奋斗。

——[古希腊] 苏格拉底

人的活动如果没有理想的鼓舞，就会变得空虚而渺小。

——[俄] 车尔尼雪夫斯基

在理想的最美好世界中，一切都是为最美好的目的而设。

——[法] 伏尔泰

冒险精神，想要成功需要勇敢前行

故事话题

曾经在欧洲大陆上流传着这样一个传说：相传在遥远的大洋彼岸有一眼神奇的泉水叫不老泉，第一个品尝到不老泉泉水的人，就能够得到财富、名誉和永生。这个传说流传了很久，可是没有人知道这个不老泉究竟在何处，更别说有人能够到达不老泉了。

中世纪的欧洲，有很多人都是听着这个传说成长的，可是他们都不知道不老泉在哪里，也没有敢去寻找它，因为在传说中，想要到达不老泉就需要穿越层层阻碍，甚至有丢掉性命的危险。

西班牙探险家庞斯·德·利昂也听说了这个传说，他不顾亲朋好友的阻拦，一定要找到不老泉的踪迹。于是他从南美洲启航一直走到土耳其岛和圣·萨瓦多岛，虽然这一路上他并没有找到传说中的不老泉，但是他却找到一片从未被人开垦过的土地，并将它命名为“Pascua Florida”，也就是我们今天说的佛罗里达。因为这个举动，庞斯·德·利昂收获了财富和名誉。

故事解析

在世界史上，曾经一度有很多探险家开启了大航海时代，尽管最初他们的初衷并非是多么高尚的理由，但是他们的行动仍然推动了人类的进程和世界的融合。然而，航海家在航海的过程中一定会遇到大风大浪，以及其他各种危险的情况，可是他们毫不畏惧，仍然勇敢前行，这一切都得力于冒险精神。

冒险，就意味着有失败的风险，并且这条道路会比普通的道路更加艰难，更加充满危机，但是我们不能因为怕风险、怕艰难而退缩。

我们不能永远都按部就班地生活，总会有一些梦想需要我们具有冒险精神，但是冒险精神并不等于一味地蛮干，更不等于匹夫之勇，而是要经过周详的考虑和准备，这才是值得我们推崇的冒险精神。

故事穿越

在中世纪，有一个欧洲人曾经抵达中国，他是第一个到达中国并且充分了解中国的人，他叫马可·波罗。

在马可·波罗成长的时候，其他小伙伴们还在沉迷于弹子游戏，可马可·波罗在内心深处却有了一个远大的理想——去中国。在中世纪的欧洲，正值元朝初期，中国仍然是世界上的霸主，由于路途遥远且从来没有人到达过中国，所以这条东方巨龙在所有欧洲人眼中都是神秘的、充满危险的存在。可是马可·波罗从小就听叔叔和父亲给他讲述关于中国的种种传说，内心充满了好奇。

公元 1271 年，他跟随父亲和叔叔，途经中东，历时四年多到达元朝。在马可·波罗的日记中，他曾经这样说过，在沙漠中，他们仿佛听到了死神的召唤，但是当他看到了富丽堂皇的元大都，看到了中国百姓日常生活的繁荣景象，他认为一切都是值得的。

马可·波罗历经 17 年，终于撰写出流传千古的名著《马可·波罗游记》，成为众多欧洲学者了解中国、了解东方的主要文献。

故事微语

在古代，由于交通条件有限，世界各个洲、各个国家之间的往来并不频繁，尤其是被海洋相隔的东方与西方。在当时，中国作为最为繁华、最为强盛的国家，是欧洲各国心中的强国，可是路途遥远，使得很多人都放弃了来到中国探险的愿望，只有马克·波罗做到了这一点。

冒险精神，不仅仅能够让我们摆脱困境，同时带给我们创造奇迹的机会。俗话说：“不去尝试的人，注定会失败。”不管我们想要做什么，都会具有一定的风险性，会有成功的几率，也会有失败的几率，但是我们应该具有冒险精神，大胆尝试，寻求突破，而不是畏畏缩缩地守着自己的世界。

有很多时候，当我们被迫陷入一种困境的时候，冒险精神往往能够成为改变这种困境的机遇。所以，不要惧怕冒险，也不要惧怕危机。危机就是能够改变我们现状的利剑。

心灵箴言

有冒险才有希望。

——[古罗马] 塔西佗

干起来，要勇敢些，在冒险中增长智慧。

——[古罗马] 贺拉斯

如果我们不敢去冒风险，那就算我们没有种。

——[法] 罗曼·罗兰

聪明的冒险是人类谨慎中最值得赞誉的一部分。

——[美] 哈利法克斯

不冒点风险，不遭些挫折，新字就创造不出来。——从根本上说，生活是冒险；要舒畅地生活，就要有勇气增强自己的力量，坚定自己的信心。

——[美] 马尔兹

因为一旦新字被人们接受，褒誉是极其平常的；然而一旦被人们贬斥，奚落就会接踵而来。

——[英] 琼

不惧挑战，人生本就多风雨

故事话题

明朝万历年间的内阁首辅张居正不仅仅是一位政治家，更是一位伟大的改革家。史学家对他的评价有这样一条相对来说比较主流：张居正实行的“万历新政”，从政治、军事和经济方面让大明王朝的历史延续了十几年。

或许有人会感到奇怪，究竟是什么改革措施能够拥有这样巨大的能量呢？其实非常关键的一条叫作“考成法”。

任何一个王朝到了中后期之后，都会面临着一个巨大的难题，就是官员拖拉办公的现象。用我们现在的话说，就是都患有拖延症。

对于这种现象，很多人都想不出具体的解决办法，但是张居正却通过“考成法”给解决了。究竟什么是考成法呢？其实非常简单，就是每天记录下自己所做完的工作，按时上报给上一级的官员。

每过一段时间，就会根据官员们的业绩来进行奖惩，在“考成法”的严格管辖下，所有的官员都不敢再拖沓工作，都变得珍惜起时间来，工作效率自然得到了极大的改善。

故事解析

历史上曾经有过这样的论断，张居正的“万历新政”将整个大明王朝的江山延迟了70年，但是张居正本人在这次变法中却遭遇到了各种阻碍，先是各位大臣不能够理解他，后来就是皇室贵族因为利益受到侵害而反对变法，但是张居正却从不畏惧这种挑战，依然坚持变法。

对于每一个人而言，挑战都是存在的，但是每个人对待挑战的态度不同，自然结果也就不同。勇敢的人，能够将种种挑战变为机遇，成为人生中不断攀登的台阶，而懦弱的人，则惧怕挑战，在挑战面前成为不战而败的逃兵。

想要收获成功，自然就要迎接各种挑战。网上有这样一句话：“每一天都是新的挑战!”

故事穿越

宋神宗时期，著名的改革家、政治家、文学家王安石在朝廷内部发动一场社会改革运动，自熙宁二年（1069年）开始，至元丰八年（1085年）宋神宗去世结束。可以说，宋朝一直以来都是重文轻武，所以在很多时候都受到西夏、辽国的威胁，所以王安石的变法主要以发展生产、国富强兵为中心，其中涉及到政治、经济、军事等各个方面。

但是变法内容涉及到了贵族和很多官僚的利益，他们一直都强烈反对变法，幸好当时的皇帝宋神宗是王安石变法最有力的支撑。但是，宋神宗过世之后，王安石变法就失去了支柱，最终失败。

变法在一定程度上改变了北宋积贫积弱的局面，提高了国防力量，充实了政府财政，同时对封建地主阶级和大商人非法渔利也进行了打击和限制。尽管它最终失败了，但同样也不能否认它的进步性。

故事微语

对于王安石而言，变法本身就具有挑战性，因为早在王安石变法之前，范仲淹也曾经试图通过变法来改变宋朝的面貌，可是在封建官僚和皇室贵族的干预下，最终以失败告终，而范仲淹本人也因为这场变法而受牵连。可以说，变法对于一个官员而，并不是一个明智之举，但是王安石本人却并不放弃！

人生之中，并不可能会一帆风顺，每个人都会遇到意想不到的挑战，但是我们不应该惧怕挑战，更不能因为有的挑战最终会失败就不敢去挑战。

挑战，很有可能会成为人生的机遇，最终改变我们的命运，并且让我们走向成功，一旦逃避，那么就输掉了整个人生。

心灵箴言

志之难也，不在胜人，在自胜。

——荀况

自古奇人伟士，不屈折于忧患，则不足以其学。

——方孝孺

我要扼住命运的咽喉，它决不能使我完全屈服。

——[德] 贝多芬

像一支和顽强的崖口进行搏斗的狂奔的激流，你应该不顾一切纵身跳进那陌生的、不可知的命运，然后，以大无畏的英勇把它完全征服，不管有多少困难向你挑衅。

——[印度] 泰戈尔

考虑周全，谨慎对待每一天

故事话题

唐朝名将郭子仪是个非常谨慎的人。在平定“安史之乱”之中建立了赫赫战功，赢得了世人的尊重，但是他却从不居功自傲，对待同僚也都是谦虚谨慎，可是唯独对待一个叫作卢杞的人是个例外。

同僚之中总会有一些应酬，在唐朝时期也不例外，所以郭子仪的家中总是会有客人的到访，郭子仪每次都是热情款待，也绝对不会让自家的妻妾回避，唯独卢杞到来之前，他会让自己的妻妾回避。

郭子仪身边的人并不理解他的用意，就询问他说：“为何就对这个卢杞特殊呢？”

郭子仪回答说：“卢杞相貌丑陋，脸色发青，家里的女子多半都没有见过这样模样的男子，唯恐她们看到之后，会不小心笑出声来。”

那人又问道：“即便是笑出声，也不至于如此啊！再说了，您现在位高权重，备受人尊敬，而卢杞不过只是一个御史中丞，为什么对这样一个四品衔的御使中丞要这么讲礼仪呢？”

郭子仪长叹口气道：“这个卢杞是个心胸狭隘、睚眦必报之人，倘若我的家人如果不小心笑出声来，就成为今后的隐患，此人一旦掌握大权，我这一族人就性命难保了。”

果不其然，在若干年之后，卢杞不仅掌权，并且成为了宰相。那些曾经因为一点小事就得罪他的人都被他整治得求生不得、求死无门，唯独郭子仪一家，他没有半点为难。

故事解析

谨慎的态度，是规避风险最好的武器，就如同郭子仪一样，尽管在郭子仪面前，当时的卢杞并不足畏惧，可是郭子仪识人有方，知道此人小肚鸡肠，一旦得势势必会睚眦必报，他无法改变这种局面，那么就谨慎处理，避免这种局面。

在我们的人生旅途上，人和人都会遇到各种危机，那么就需要我们用谨慎的态度去对待。

谨慎，能够让我们在前进的过程中，小心地避开埋藏的“地雷”，也能成为我们做大事的基础。任何一个人在做出选择的时候，都需要果断抉择、谨慎对待，只有这种态度，才能让我们的人生价值得以实现，才能让我们收获真正的成功。

故事穿越

著名的科学家爱因斯坦这一生之中，一直认为自己有一个“一生最大的错误”，并且因为这个错误而心怀内疚。

在 1917 年，爱因斯坦刚刚提出广义相对论之后没多久，他便和荷兰物理学家德西特做进一步的研究。很快，他们就发现引力场方程的宇宙解是动态的而不是静态的现象。于是两个人就开始根据这个现象进行物理研究，但是没过多久，爱因斯坦就和德西特之间发生了关于研究方面的分歧。

外界也非常关注爱因斯坦和德西特的研究进程，但是由于当时爱因斯坦的名气非常大，有众多追随者，这也导致了德西特内心承受了巨大的精神压力。几年的时间过去了，因为天文学方面的进步，最终证明了德西特的观点是正确的，爱因斯坦不仅因为自己的判断失误，更因为自己在无形之中给德西特的研究带来了阻力而道歉。

对于这件事情，爱因斯坦一直心怀愧疚。后来，在他的 70 岁生日那天，他还向好友索洛文表示：“我感到在我的工作中没有一个概念是很牢靠地站得住的，我也不能肯定我所走的道路一般是正确的。”

故事微语

爱因斯坦作为最伟大的科学家之一，那是因为他善于思考，但是这样聪明的人，在晚年的时候，却因为一个不谨慎而犯了错，甚至因为这个错误而一度心怀内疚。

科学家尚且如此，那么作为普通人的我们，就更应该谨记这个教训，在任何时候，都要大胆求证，谨慎言行，因为只有这样，才能让我们避免犯错。

谨慎是智慧的长子，是进步之根，是和谐之本。一次深思熟虑，胜过百次草率行动。谨慎即是细心慎重，也就是对外界事物或自身言行密切注意，以免发生不利或不幸的事情。谨慎是勇敢的一部分，慎重对待问题就是智慧的一半，谨慎的人才能稳操胜券。

心灵箴言

言为世范，行为士则。

——刘义庆

多言不可与谋，多动不可与久处。

——薛宣

行谨则能坚其志，言谨则能崇其德。

——胡宏

言必可行也，然后言之；行必可言也，然后行之。

——贾谊

摆正心态，学会正视自己

故事话题

微软公司总裁比尔·盖茨不仅仅是世界级的富豪，更是首屈一指的科技天才，由他创建的微软公司在短短数十年内，就改变了世界、改变了人类的生活方式。

1955年10月28日，比尔·盖茨出生在美国的西雅图，他在上中学的时候，就对计算机编程产生了浓厚的兴趣，除了学习之外，他将自己所有的时间都放在研究计算机上。

1973年，比尔·盖茨凭借着优异的成绩考入了哈佛大学。在这里，他第一次充分意识到自己的梦想是什么，就是要让计算机成为每个家庭、每个办公室里最重要的办公设施和娱乐设施。

在大三那一年，比尔·盖茨和他的好友保罗·艾伦有了一个机会，就是创办属于自己的微软公司，可是在刚刚创办的时候，需要投入大量的精力才能应对这个挑战。摆在比尔·盖茨面前有两条路：一个是按部就班地完成自己大学的学业，另一个就是选择这个充满了无限可能的新公司。

比尔·盖茨并没有做太多的犹豫，因为在他眼里看来，他的梦想就是通过计算机改变世界，这个公司完全就是他的梦想，所以他毅然决然地放弃了哈佛大学的学位。

在离开哈佛大学之后，他和自己的好友就将所有的财力、精力都放在微软公司的运营上，在他的领导下，微软持续地发展改进软件技术，使软件更加易用、更省钱和更富于乐趣。公司致力于长期的发展，他的远见卓识以及他对个人计算的先见之明成为微软在软件产业成功的关键。

故事解析

比尔·盖茨之所以如此坚决地选择了放弃哈佛大学的毕业证书，遵从自己内心去创办微软公司，就是因为他非常了解自己，并且知道自己内心中最渴望得到的是什么。

正视自己，这四个字说起来容易，但是想要做到并非易事。每个人都渴望自己足够优秀，又或者说每个人都希望自己能够成就一番事业，可是现实生活中，不是每个人都能成为比尔·盖茨，大部分的人仍然过着平凡的日子。但不管自己身在何处，都应该摆正心态，正视自己。

如果拥有积极的心态，就可以得到快乐，就会改变自己的命运。乐观豁达的人，能把平凡的日子变得富有情趣，能把沉重的生活变得轻松活泼，能把苦难的光阴变得甜美珍贵，能把烦琐的事情变得简单干练。

故事穿越

英国著名小说家瓦尔特·司各特自幼喜好文学，但是自从他上学之后，他就不断受到打击——从小他就身患小儿麻痹症，右脚行动十分不便，在学校里，很多学生都因此而欺负他，嘲笑他是“怪胎”。因为同学们的嘲笑，司各特越发不喜欢学校，更不想学习，于是他陷入了一个恶性循环里。到了学期末，他的成绩简直是一塌糊涂。

可是，他的行为被一位老师看在眼里，老师心里非常清楚，司各特尽管厌恶功课，但其实他非常喜欢读书，只是太在意同学们的目光。于是他找来司各特，对他说：“老师知道你是个喜欢读书的好孩子，那么就不要去在意别人的目光，摆正自己的心态才是最重要的。”

经过老师的鼓励，司各特终于放下了自卑心理，最终成为著名小说家。在他成功之后，他回到了自己的母校，问道：“现在学校成绩最差的孩子是谁？”

一个小男孩红着脸站出来，他走到小男孩面前，从兜里拿出一枚金币送给他，说：“你也是个好孩子，当年我和你一样，不要灰心，从容面对各种困难，你一定会成功的。”

故事微语

泰戈尔说过：“如果你因错过了太阳而流泪，那么你也将错过群星。”人生的路上远不止一次机遇，我们应该摆正心态，迎接新的挑战。

西伯拘羑里，而演《周易》；孔子厄陈蔡，所以作《春秋》；屈原放逐，才撰写《离骚》；左丘失明，故有《国语》；孙子膑脚，《兵法》修列；韩非囚秦，就写出《说难》，这些人都是心中积聚了抑郁之气，在摆正心态后，给我们留下了一笔笔财富。

可见只要摆正心态，再大的困难也会迎刃而解的。

只要摆正心态，再大的痛苦也会一瞬间即逝。

心灵箴言

必须有勇气正视无情的真理。

——[俄] 列宁

过也，人皆见之；更也，人皆仰之。

——孔子

只有正视自己的无知，才能扩大自己的知识。

——[俄] 乌申斯基

不要为已消尽之年华叹息，必须正视匆匆溜走的时光。

——[德] 布莱希特

真的猛士，敢于直面惨淡的人生，敢于正视淋漓的鲜血。

——鲁迅

第三篇

发掘潜能，开辟新的疆土

每个人都如同一个宝藏，而这个宝藏恰恰就是我们自己，是我们自己的潜能。潜能是一个人的潜在的力量或能力，它平时没有被自己发现，也没有被他人发现，但它确实存在，人的潜能是无穷的，挖掘潜能是迈向成功的第一步！

换个角度，能看到不同的世界

故事话题

哥伦比亚广播公司(CBS)的制片主任摩洛·路易士在这一生之中，曾经经历过两次非常严重的失败，但是他并没有被这种失败所打倒，而是从失败之中，寻找到一条属于自己的成功之路。

路易士最初是在一家广告公司工作，那时候的他非常喜欢广告设计这个职业，并且做得有声有色。时间久了，他决定自己创业。和很多刚刚开始创业的人一样，他每天都忙着说服自己的客户，去赞助一个叫作《纽约交响乐》的栏目，但实际上，这个工作本身就是非常困难的，很多人都在心里认定，路易士是不可能成功的。

通过自己的努力，很多客户都被他说服了，眼看着计划马上就要实现的时候，可是由于合约内部出现了问题，路易士的计划失败了。可以说，这是路易士非常在意的一个计划，但是却在最后关头成为了泡影。这对于所有人来说都是非常大的打击，甚至有可能会一蹶不振。但是路易士并没有这样，他开始寻找自己失败的原因。

很快，他再度杀回到广告业界，并且成为了华纳影片公司旗下一个子公司的副总经理，并且专心致力于传播媒体的推广。由他的公司所提供的多样化综艺节目，为 CBS 公司带来了空前的成功。

纽约交响乐
总经理

故事解析

做不了高大耸直的古树，那就做点缀春天的小草；做不了灿烂无比的太阳，那就做闪烁的群星；做不了波涛汹涌的大海，那就做曲折清澈的小溪。

换个角度想问题，当你“山重水复疑无路”之时，便能顿觉“柳暗花明又一村”。换个角度想问题，就好比是夏日凉爽的清风散去你烦躁压抑的心情，就好比是一盏灯塔，照亮你黑暗迷茫的道路。到了那个时刻，你会感到杜甫“会当凌绝顶，一览众山小”的豁达情怀，你会悟到刘禹锡“沉舟侧畔千帆过，病树前头万木春”的乐观心胸的真谛。

故事穿越

北宋著名的改革家、文学家、政治家王安石变法失败，不仅王安石受到了惩罚，就连一向耿直敢言的苏轼也受到了牵连，成为政治斗争的牺牲品。原来苏轼在湖州担任知府的时候，写了一篇文章《湖州谢表》，在文章里，他表达了自己对于废除改革措施的惋惜，也发了一些牢骚，说自己“愚不适时，难以追陪新进”“老不生事或能牧养小民”。于是就有一些官员上书皇帝要弹劾苏轼，认为他讽刺政府，是对皇帝的不忠，于是苏轼就被关押了起来，这就是历史上著名的“乌台诗案”。

经过了“乌台诗案”之后，苏轼的仕途生涯受到了致命性的打击，这对于任何一个封建社会之中的读书人都是非常严重的事情。在那段时间，苏轼心灰意冷，尽管仍然担任黄州团练副使的职务（因“乌台诗案”被降职），可是他的内心之中却没有了半点斗志。恰好在黄州城外就是著名的“赤鼻矶”（也叫作赤壁山，并非是赤壁大战之处），所以苏轼常常到那里，并在这里写下著名的《赤壁赋》《后赤壁赋》和《念奴娇·赤壁怀古》等名垂千古的词句。

因为黄州团练副使的俸禄非常低，根本就不够生活，所以苏轼只好叫人开垦了城东的一块薄地，靠着种田来帮补生计。在耕种的过程中，他再次感受到了乡村淳朴的风情，逐渐地，他走出了内心的伤痛。最终，他也重新得到了朝廷的重任。

故事微语

种子落在了土里，长成了树苗，就不能随意地移植，因为一动就不能成活。但是，人和植物终究不同。人是有头脑的，遇到事情是可以灵活处理的，一种方法不行就换另一种，总会有一种适合解决某个问题的具体方法的。做人，不能太“死板”。要懂得变通。

人的一生是不可能一帆风顺的，道路是坎坷的，困难就像前进道路上的种种障碍物，需要你去用各种方法清除它们，让他们不会成为你成功的绊脚石。

若人们太习惯于某种想法，或某个非黑即白的绝对判断上，生活中就少了丰富的可能性，也就难以享受路途上的诸多美妙的惊喜。生活的乐趣是可以主动的，就好比在笔直的前行中，中途转个弯。探访不同的小径，或许会意外地发现一片美丽、开阔的风景，获得意外的精彩和美好。

心灵箴言

仁者见之谓之仁，智者见之谓之智。

——《周易》

作家若不从时代和世界历史的角度去考虑自己的作品，才思就会枯竭。

——[美] 爱默生

企业的经营，不能只站在单纯的一个角度去看，而要从各个角度分析、观察才行。

——[日] 藤田田

从管理的角度来讲，两点之间最短的距离不一定是一条直线，而是一条障碍最小的曲线。

——余世维

利用机遇，成功迈上新台阶

故事话题

著名的科学家巴斯德常常在高等学府里进行演讲，他多次引用过一个故事：

1822 年，丹麦著名的物理学家奥斯特在一次实验即将结束的时候，碰巧把一根导线的两端和一个电池连接到了一起，导致上方的磁针发生了变动。他觉得这个现象非常奇怪，就顺手又做了个实验。

奥斯特先是故意让导线与指针垂直，指针并没有什么变化，但是当他将导线放在磁针平行的位置的时候，奇怪的事情发生了——磁针竟然向相反的方向发生偏转。

后来，奥斯特就是根据这个实验发现了电和磁之间的关系，并且为法拉第发明电磁发电机提供了基础。

讲完了这个故事之后，巴斯德非常郑重地告诉下面的学生：“在观察的领域里，机遇只偏爱那种有准备的头脑。”

故事解析

机遇可以改变人的命运。没有资本，再好的机遇也是枉然。正如奥斯特发现了电、磁之间的关系，就是这一次偶然的实验。如果奥斯特没有留意到这个奇怪的现象，又或者看到了这个奇怪的现象并没有联想到电、磁方面，再或者他没有充分的理论知识，他都不可能成就电磁理论。

人们常说，只有做好了充分的准备，才能遇到机遇。这种准备就是要在头脑里储备好知识量，在生活中养成仔细观察、悉心钻研等习惯，只有这样，当机遇到来的瞬间，我们才能把握住机会，成就未来。

故事穿越

被称作是“牛仔大王”的李维斯有一个非常不同寻常的发家史。美国曾经有一段“淘金热”，有很多年轻人都跑到西部，渴望能够通过自己的双手获得黄金，从而改变自己的贫穷，李维斯也是其中的一员。但是在他去淘金的旅途中却遭遇了好几次挑战，但是他却成功地将这几次挑战变成了绝佳的机遇。

第一回，是发生在前往西部的途中。有一条大河挡住了所有淘金者的路，越来越多的淘金者纷纷到达河岸，却无法渡过去。就在这个时候，李维斯想到了一个非常聪明的办法——摆渡。他迅速造了一艘小木船，靠着摆渡送人到对岸赚取一点点的劳务费。因为大家都赶着去西部淘金，没有人会在乎这点小钱，更不会吝啬。就这样，李维斯赚到了人生中第一笔财富。

后来，由于淘金者太多了，常常会因为抢地盘而发生争执。李维斯作为一个初来乍到的新手，还没有学会怎么淘金，就常常被他人所排挤，别说挖金子了，就连一块别人看不上的地都争取不到。看着这些和他怀着同样目的、没日没夜挖掘的青年，他突然想到了另一种创造财富的道路——卖水。尽管每个人的生活水平、口味都不尽相同，在食物上或许会存在诸多差异，可是每个人都必须要喝水吧。于是李维斯便在这里开了个水摊，每天来买水的人络绎不绝。这是他的第二笔财富。

其他淘金者看到卖水这样赚钱，也都纷纷加入了这个行业。眼看着卖水的人越来越多，李维斯觉得必须要另寻出路了。有一天他发现淘金者因为常常要和石头打交道，衣服总是被磨破，于是他就想，同样是布料做的，为什么帐篷就非常耐用呢？如果用做帐篷的布料做衣裤会怎样呢？于是他找来废弃的帐篷缝制出了世界上第一条牛仔裤，迅速得到淘金者的喜欢。很快，这种牛仔裤就成为潮流的标志，而李维斯也成为世界知名的“牛仔大王”。

故事微语

对于任何人而言，机遇就如同人生旅途中的转折点。我们每个人都渴望着能够遇到一次发挥自身最大能力的机遇，从而改变人生际遇。

然而，机遇并不是依靠等待，而是需要我们自己用积极的态度去面对人生、面对挑战，才能为我们的人生谱写出奇迹。

有很多时候，面对机遇，我们总是担心自己是否能够胜任，又或者是担心别人如何看待自己。

其实这些都是自己潜意识里对自己没有自信而造成的，在内心中树立起一个宏大的目标，让自己时刻都充满了希望和自信，机遇就不会从我们身边擦身而过。

心灵箴言

接受挑战，就可以享受胜利的喜悦。

——[美] 杰纳勒尔·乔治·S.巴顿

人生要不是大胆地冒险，便是一无所获。

——[美] 海伦·凯勒

如果你从不接受挑战，就感受不到胜利的刺激。

——英国彦语

不敢冒险的人既无骡子又无马；过分冒险的人既丢骡子又丢马。

——[法] 拉伯雷

悉心钻研，不给知识留死角

故事话题

爱因斯坦能够成为最伟大的物理学家之一，最重要的就是因为他善于思考，并且从中寻找到解决问题的方法，甚至能够根据自己的想象去创新。

在爱因斯坦小的时候，他并没有显示出异于常人的智商，甚至有很多大人都并不喜欢他，因为他总是提一些稀奇古怪的问题，让人觉得这个孩子太另类。

然而，这些大人却并不了解，爱因斯坦总是提一些非常奇怪的问题，并非是因为他傻，而是因为他总是在思考，每当他看到一些现象，就会思考：为什么会发生这样的现象呢？有什么因素能够改变这样的现象呢？

在爱因斯坦5岁的某一天，他的父亲送给他一个罗盘当玩具，爱因斯坦非常喜欢，但是很快他就发现，罗盘中红色的小箭头总是指向一个方向，不管他怎么改变罗盘的位置，这都是不变的。

我们当然知道罗盘(即指南针)的原理，但是年仅5岁的爱因斯坦却根本就无法理解，他开始开动脑筋：首先他开始改变罗盘本身的方向，想借此来改变红色箭头的指向，可是不管他怎么转动罗盘，箭头都牢牢地指向北方；一个方法不行，他再换一个角度去思考，既然指针牢牢指向北方，那么一定有一股看不见的力量在控制这个小小的罗盘，于是他开始寻找这个“神秘的力量”，可是结果却是让他大失所望。

但是他并没有放弃，尽管在他的童年里，他没有找到这股能够操纵指针方向的力量，但是在他长大之后，他开始深入研究电磁场，最终不仅发现了罗盘箭头始终指向北方的秘密，更成为了一个科学家。

故事解析

爱因斯坦之所以在长大后能够成为最伟大的科学家之一，和他从小就悉心钻研密不可分。

我们每个人都从学生时代走过，在学习的时候，总会遇到一些自己不懂得的问题，即便是在离开了学生时代，也会遇到同样的状况。勤于动脑，善于思考还有助于我们多角度全方位观察认识事物，有助于我们开启成功的大门。

每个人都会遇到读不懂的难题，但是如何去解决这些问题才是最关键的一步，有些人喜欢依赖别人，问老师、问家长，但是这种依赖式的学习方法并非长久之计，毕竟当我们走入社会之后，同事之间并不会随时随地为你解决问题，凡事还是依靠自己。所以，当我们遇到了问题的时候，不妨先依靠自身的头脑去思考，即便是无法解决问题，但是从思考的过程中也会有所收获。

故事穿越

著名数学家、学者苏步青从小家境贫寒，和很多农村孩子一样，他的童年就是在土地上过来的，放牛、割草、犁田，什么都干，但是却没有钱能去上学。

有一天，村里一户有钱人为自家孩子请了家庭教师，苏步青听到这个消息，每天都提早起床，抓紧时间把自己一天的家务忙完，就跑到富人家窗口去听讲，没想到的是，富家公子没有学会什么，苏步青倒是学会了很多知识。

他的叔叔看到这个孩子如此聪明，觉得如果好好栽培一定能够成为人才，不能因为没有钱就不去读书。于是就拿出钱，说服了苏步青的父母，让他去上了小学。

可是苏步青一点基础都没有，刚刚进入学校之后，学习得非常吃力。可是不服输的苏步青更加用功地读书，每天天不亮就起床看书；直到宿舍熄了灯，他才恋恋不舍地把书放下。很快，苏步青的学习成绩直线上升。

尽管他是一个数学家，但是苏步青在文学、历史等方面的功底同样非常深厚，在他初中的时候，就已经熟读很多中国古典名著、史书。有一次，他写了一篇作文交给老师，老师一看，发现这篇作文的写法非常类似《左传》那类的文言文，就认为这篇作文绝对不是苏步青自己写的。为了考考他，在第二天上课的时候，就随便点了一篇《左传》的文章，结果苏步青竟然能够一字不落地背诵下来！

故事微语

苏步青之所以能够成为著名的数学家，正是他努力用功、悉心钻研的成果。钻研功课，这本身就是一种自主学习的过程，尽管这不比向他人请教来得容易，但是在自主钻研的过程中，常常会有意想不到的收获，除此之外，自主学习的记忆要比依赖他人深刻很多，这也是很多科学家记忆力超凡的根本原因。

悉心钻研，是通往成功的基础技能。尽管在学习的过程中，我们会遇到老师、同学，他们能够通过自己的力量帮助我们，但是想要取得卓尔不凡的成绩，那么我们就要学会依赖自己。

心灵箴言

聪明出于勤奋，天才在于积累。

——华罗庚

对搞科学的人来说，勤奋就是成功之母！

——茅以升

业精于勤，荒于嬉；行成于思，毁于随。

——韩愈

不闻不若闻之，闻之不若见之，见之不若知之，知之不若行之，学至于行而止矣。

——荀况

灵活多用，不要固定住自己的思维

故事话题

随着网购的日益发达，随着商业合作方式的日益改变，快递已经成为人们生活之中必不可少的一种服务。然而，在20世纪60年代之前，全球根本就没有快递这种服务，只有最传统的邮递。

但是，一个叫弗雷德?史密斯的人通过一种思维模式的创新，不仅改变了传统邮寄的方式，更开创了快递。那个时候，他还是耶鲁大学的学生，在一篇论文中他提出了一个想法——传统的邮寄都是通过轮船和定期客运航班运送包裹。一般来说，这种轮船和定期的客运航班都是有时间限制的，大部分都是安排在白天，所以包裹运送的时间周期非常长。如果改变只在白天运输的模式，充分利用夜晚的时间，那么包裹运输的速度不就大大加快了吗？但是他的这篇论文只得了C的成绩。

毕业之后，弗雷德?史密斯筹集资金，建立了属于自己的快递公司，并且充分利用夜晚的时间来进行包裹运输，而且加强了和航空公司的合作，这就是著名的联邦快递。

故事解析

灵活，是一种思维模式。每个人在人生道路上，都会遇到各种问题，如何解决问题，或许询问一千个人就会有一千种方法。可是，一个人能够想到的方法有限，那么就需要不断地去思考，以及灵活自己的思维。

弗雷德·史密斯就是依靠自己灵活的头脑，才最终成就了联邦快递，并且开创了快递行业的先河。

所以，无论遇到什么困境，都不要轻易放弃，转换自己的思维，让思维灵活地“动”起来，自然就能够找到最合适的解决方法。

故事穿越

在陈可辛导演的电影《中国合伙人》之中，黄晓明扮演了一个土得掉渣的成冬青，他来自农村，经过三次高考才考上了大学。大学毕业之后，他和两个好友孟晓骏、王阳都希望能够签证去美国，可是却失败了。最终和王阳一起创办英语补习班。

尽管成冬青在很多时候都表现得非常土，但是其中几个细节却让人印象深刻——为了能够学好英语，成冬青背下一整本英语词典，而且是每上市一本他就背一本；他能在去往美国的飞机上背下一整本法律文书。

或许有人会觉得奇怪，成冬青为何能够如此迅速地背诵下来？其实电影中还有一个细节，就是成冬青在授课的时候使用了“联想教学法”，通过对英文的趣味解读让学生记下单词。这就是他记忆力超群的诀窍。

故事微语

在电影《中国合伙人》中，成冬青在开办英语学习班之后，从英语发音开始谐音到汉语之中，并且运用汉语的意思去进行解读，比如ambulance，英文单词原意为救护车、野战医院，是一个名词，可是成冬青却将这个单词音译为“俺不能死”，通过这种方式让大家记住这个单词的原意，很多同学都非常快速地掌握了这个单词。

其实这就是非常简单的“联想教学”——通过联想，将我们陌生的、没有掌握的知识，嫁接到已经熟悉的、充分掌握的知识上，让这两者之间形成一种条件反射。一提到“俺不能死”，就想起英文单词ambulance，提到ambulance，就能想起救护车、野战医院等意思。

通过这样的联想，让我们不再通过枯燥地死记硬背就能记忆深刻，这样不仅能够促进学生的主观能动性，同时还让我们在学习的过程中找到一种乐趣，自然就能够丰富我们的记忆力。

心灵箴言

记则思不起。

——张载

读书方法，在循序而渐进，熟读而精思。

——朱熹

一切知识的获得是记忆。记忆是一切智力活动的基础。

——[英] 培根

余尝谓读书有三到：谓心到、眼到、口到。心不在此，则眼不看仔细，心眼既不专一，却只漫浪诵读，决不能记，记亦不能久也。三到之中，心到最急，心既到矣，眼、口岂不到乎?

——朱熹

举一反三，让憧憬变成可能

故事话题

著名的物理学家牛顿从小就非常喜欢思考，生活中发生了什么，他都要想一想，这究竟是为什么。在他刚刚 12 岁那一年，他就表现出自己对实验和机械发明的浓厚兴趣，常常自己动手做一些小发明。

有一天，牛顿坐在苹果树下休息，突然一个苹果恰好掉了下来，正好打在他的头上。

这原本是非常普通的一个现象，但是在牛顿的眼中，这就是一件非常奇怪的事情了，他心里想，为什么这个苹果偏偏会掉在地上，却不能往天上跑呢？后来他又接着联想，为什么人一跃而起之后，还是会稳稳地落在地上呢？

年幼的牛顿也想不出这个问题的答案，就去问母亲，可是母亲也说不出个所以然，只是告诉他，好好念书，长大了你就能够想明白了。

果然，牛顿在长大之后，成为了著名的物理学家，并且发现了“万有引力定律”，从而解出了苹果为什么只能掉在地上的“难题”。

故事解析

每个人的头脑都是一个小世界，在这个世界里，有无数的联想，而这些联想促成了我们举一反三的能力。当牛顿看到苹果，联想到为什么它会掉下来而不是飞上天，然后又联想到人为什么能够站立在地球上，而鸟为什么能够飞在天空中？经过了长时间的研究，最终他取得了成功。

举一反三，在现实生活中并不少见，尤其是在我们的学生生涯中更是比比皆是。这是一种能够挖掘出无限潜能的技能。当我们看到生活中一些节省时间的方法，又或者看到什么有趣的东西，就会将这些原理用在工作、学习中，从而提高了工作效率，或者是解决了工作上的难题，这些都得力于举一反三。

故事穿越

世界上发明了第一架动力飞机的设计师莱特兄弟，正是通过自己的联想力，才能够完成对飞机的制造工作。

在莱特兄弟少年的时候，他们就已经显现出机械设计、维修方面的特殊能力，因为家境贫寒，他们只能跑到工厂里去看那些师傅们是如何修理机器的。时间长了，师傅们因为很喜欢这两个聪明的孩子，就将很多修理机器的原理和方法都教给了这两个小家伙。他们进步得非常快，很快就能够做出一些创意性的小玩具，比如能够自由转弯的雪橇。

有一天，他们的父亲从外面工作回来，在路上给他们买了一个玩具——一只会飞的蝴蝶。兄弟两个都非常高兴，只见父亲给玩具上好发条，这只蝴蝶竟然在空中自由地飞了起来。尽管蝴蝶飞的时间并不长，只有几秒钟的时间，但是对于兄弟两个人来说，却是非常新鲜的。

玩了几天之后，莱特兄弟就不满足于这只会飞的小蝴蝶了，他们开始想象，如果这个玩具足够大，大到能够承担起一个人、几个人的重量，那么人类是不是就能够坐在这样的机器上飞起来了呢？想到这里，他们两个就开始着手拆卸，开始研究这只蝴蝶玩具是通过什么原理飞起来的，然后就准备做一个尺寸更大的仿制品。

但是可惜的是，因为毫无经验，他们这次的尝试失败了。不过这场小小的挫折并没有让他们感到颓废，反而激发了他们制造飞机的决心。

故事微语

莱特兄弟之所以能够想到制造飞机，以及飞机雏形，就是因为看到了这个蝴蝶玩具。他们通过蝴蝶玩具，联想到了飞机应有的样子，以及它工作的原理，这就是举一反三。

在科学领域中，因为举一反三而最终形成突破的事例并不少见，或许很多人会觉得奇怪，认为举一反三怎么能够具备如此巨大的威力呢？

其实在我们的头脑中，思维并非是单独存在的个体，所以头脑中的各个事物之间，通过联系进行相关的组合，最终形成了新的想法。

心灵箴言

学到了最后阶段，便遇上了想象。

——[法] 雨果

想入非非是通向科学探索的必需的和首要的步骤。

——[美] 查尔斯

想象力是能动的知识，是创造力和智慧的必要背景。

——赵鑫珊

想象并非论据，更不会导致证明，但心灵渴望它们。最聪明的实验者发现，有 20 个想象比只有一个想象好，在这些想象是相互矛盾的情况下更是如此，因为人类的理智早已知道如何对付矛盾。

——[美] 亚当斯·亨利

第四篇

美梦成真，创造更多的奇迹

美梦成真，是每个人最渴望收获的事情，更是我们的毕生追求。每个人的一生，都是为了实现自己的梦想而进行的一次征途。当我们真正战胜了困难、战胜了自己、战胜了周遭的一切，最终梦想成真的时候，很多人都会认为这就是终点。其实这也是一个起点，让我们创造更多奇迹的起点！

勤学苦练，勤奋是成功的基石

故事话题

著名的文学家、思想家、革命家鲁迅先生曾经用他那犀利的话语成为民国时期很多学生心目中的领军人物。他自幼读书就非常刻苦，常常是从早上开始就利用每一个能够看书的时间阅读，到了晚上也常常坐在油灯下面读书。

在江南水师堂上学的时候，鲁迅因为成绩优秀，为了奖励他，学校特意颁发了一枚金质奖章给他。这让很多同学都非常羡慕，觉得这是一种非常高的荣誉。但是鲁迅并不这样认为，第二天他就跑到南京鼓楼街把这枚奖章卖了，用卖来的钱买了自己喜欢的书籍和辣椒。在他心里，这些书可比一枚什么用途都没有的奖章有意义多了。

或许有些人会觉得奇怪，辣椒是干什么用的？并不是因为鲁迅爱吃辣椒，而是因为辣椒不仅能够驱走寒冷，同时还能起到提神醒脑的作用。

当时正好是寒冬，南方的冬季虽然气温并不算太低，但是潮湿的空气仍然能够让人感到非常冷。为了克服这个困难，鲁迅想到的方法就是辣椒。每到了夜晚，他坐在油灯下面看书，觉得寒冷了，他就咀嚼几口辣椒，没多一会儿，他就感到辛辣无比，全身通畅，头脑也更加清醒了。

后来，鲁迅终于成了一位非常伟大的文学家，他的文字就仿佛是一把锋利的利剑，直刺到很多爱国青年的心中。

故事解析

每一个成功人士的背后，都有一段勤勉的故事。

勤勉，并不仅仅是一种品行，同时也能够成为生活和工作之中的习惯。当我们在日常生活之中能够以勤勉的态度处之，我们自然能够成为生活的主人；当我们在事业工作之中以勤勉的方式去处理问题，那么，我们自然能够收获事业上丰收的果实。

勤勉同样也是一种习惯，其实任何事情经过长时间的积累，都会形成为一种习惯，勤勉也不例外。

故事穿越

晋朝时期的著名文人、官员车胤自幼就是一个喜欢读书、珍惜时间的人，关于他的历史典故，最著名的莫过于“车胤囊萤”。

车胤原本出生在一个富足的家庭之中，可是后来家道中落，最后变得一贫如洗，可即便如此，也不能改变车胤读书的心愿。

因为家里贫穷，买不起油灯和蜡烛，可是他又不甘心放弃夜晚读书的机会。最开始的时候，他白天拼命读书，到了晚上，就在心里重新背诵白天所学到的文章。

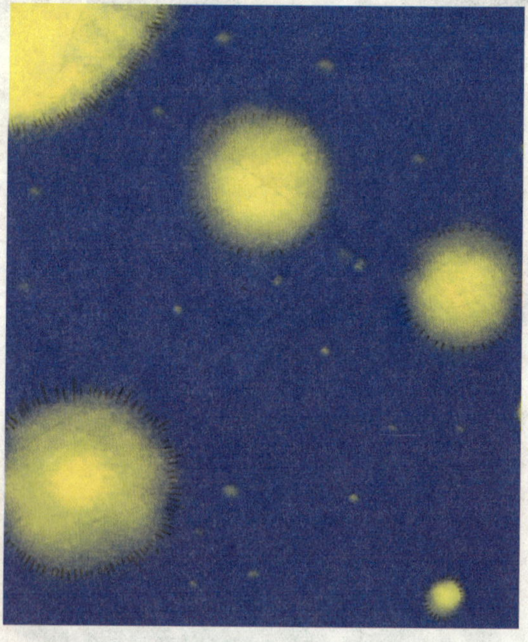

有一个夏天的晚上，车胤同样坐在外面复习白天看过的书籍，突然他的视线被飞来飞去的萤火虫所吸引。尽管一只萤火虫的光芒非常微弱，可是聚少成多，很多只萤火虫放在一起，光芒自然就亮了许多。

于是，他用一块非常薄的白纱布做了一个口袋，抓了很多只萤火虫放在里面。就这样，他给自己做了一个照明灯，即便是到了黑夜，他仍然能够努力读书了。

故事微语

如何能够获得人生的成功？如何能够完成我们的目标？答案是勤奋。

无论我们拥有怎样的梦想，勤奋永远都是为我们的梦想保驾护航的品性。在勤奋面前，任何一种难题，都不再是真正的困难。所谓："有志者事竟成。"正是阐述了坚持对于人类的重要性。

所以，不要惧怕生活中的困难和失败，请用勤奋去面对人生的种种，一定能够让我们收获最终的幸福和成功。

心灵箴言

穷且益坚，不坠青云之志。

——王勃

谁有历经千辛万苦的意志，谁就能达到任何目的。

——[古希腊] 米南德

书不记，熟读可记；义不精，细思可精；惟有志不立，直是无着力处。

——朱熹

不做什么决定的意志不是现实的意志；无性格的人从来不做出决定。

——[德] 黑格尔

持之以恒，绝不轻言放弃

故事话题

世界著名影星史泰龙生长在一个非常不好的家庭里，他的父亲是赌徒，母亲也因为生活折磨，整日借酒浇愁。自幼，史泰龙就生活在社会的最底层，一直浑浑噩噩、到处流浪。突然有一天，他认识到，如果自己还不发愤图强的话，他的一生很有可能就像父亲或者母亲那样，只能依靠政府救济金生活。为了改变自己，他开始寻找新的出路。

史泰龙非常喜欢演戏，初出茅庐的他只身来到好莱坞，可是电影公司的人在面试的时候，刚刚开始，他们就指出了史泰龙一个非常严重的缺陷——嘴歪。史泰龙不愿意放弃，他在好莱坞附近找了一份看厕所的工作，这里最大的好处就是能够遇到很多电影公司的导演，于是他每次看到导演之后都要毛遂自荐一番，尽管史泰龙的样貌不错，但是导演看到他的歪嘴之后，纷纷表示了拒绝。

没有办法的史泰龙又想到了另一个方法，既然现在还不能当演员，不如先从编剧开始做起吧。他非常用心地写了一部剧本，可以说，这绝对是他为自己量身定做的剧本了，但是导演们看到这部剧本，却并不认可。就这样，史泰龙仍然在不断被拒绝的过程中挣扎着。在他遭到了1375次拒绝之后，第1376次毛遂自荐成为了他人生的转折点。一位导演慧眼识珠，终于认可了史泰龙，并且接下了这部剧本。这就是当年创造了票房奇迹、并且成功夺得1976年奥斯卡最佳影片奖的电影《洛奇》，这部电影不仅让史泰龙被提名为奥斯卡最佳男主角大奖，更让导演约翰·艾维森夺得奥斯卡最佳导演奖。

故事解析

史泰龙的成功，是用很多次失败和很多次坚持构成的。在很多人眼中看来，毛遂自荐的史泰龙似乎没有任何过人之处——他没有受到过良好的教育，也没有极其出众的外表，更没有一个有背景的家室，甚至上天还给了他一份无法弥补的缺陷——嘴歪。可是在多次失败之后，史泰龙最终成为了好莱坞巨星，并且一夜成名。

当史泰龙每次被拒绝之后，他都选择了坚持。对于很多人而言，坚持一次、十次、百次，就已经算是非常了不起的了，可是史泰龙坚持了数千次。

在现实生活中，我们也会遇到很多困难和坎坷，坚持则成为我们克服困难的不二法宝。

故事穿越

1914 年获得了诺贝尔生理学、医学奖的罗伯特·巴雷尼是诺贝尔奖获得者中非常特殊的一位，他自小就因为生病成为了一名残疾人。母亲不愿意让自己的孩子自小就失去了生活的目标，更不愿意让孩子一辈子活在别人同情的目光之中，于是她开始锻炼巴雷尼。

只要一有空，母亲就陪着他练习走路，最初他累到满头大汗，双腿却仍然不听使唤，但是母亲告诉他，千万不要放弃。而巴雷尼也不愿意一辈子坐在轮椅上，于是他坚持每天锻炼走路、练习体操来帮助自己掌握平衡。

数年如一日的锻炼，巴雷尼虽然不能像普通人那样自如行走，但是他的精神却得到了极大的锻炼。在命运带给他的残酷打击面前，病弱的巴雷尼成为了生活之中的巨人。在学校里，他成为学校最优秀的学生，并且以优异的成绩进入维也纳大学医学院。毕业之后，他开始专攻耳科神经学，后来，他凭借自己独特的“巴雷尼检验”荣获了诺贝尔奖。

故事微语

罗伯特·巴雷尼虽然身患重病，但是他不愿意像一个残疾人那样，只能依靠别人去生活，所以坚持锻炼身体。这其中他经历了怎样的伤痛，似乎只有他和自己的母亲知道，可是正是这份坚持，让罗伯特·巴雷尼成功地站在了诺贝尔奖的奖台之上。

坚持，并不仅仅是对自己的自励，同时也是促进良性发展所必须。大千世界之中，每个人对不同的事情都会有着不同的认知，但如果大家都不坚持自己的看法，人云亦云，那么世界将会变成什么样子呢？

坚持，也绝不是盲目地认为自己一切都对。有些时候我们认为是对的就要勇敢地坚持下去，哪怕最终证明我们的认知是错误的，那也能通过这个过程学习到很多东西。

心灵箴言

征服自我是胜利中最大的胜利。

——[古希腊] 柏拉图

伟人们之所以看起来伟大，只是因为我们自己在跪着。站起来吧！

——[德] 马克思

就连最伟大的天才，如果想单凭他所特有的内在自我去对付一切，他也绝不会有多大成就。

——[德] 歌德

征服世界的将是这样一些人：开始的时候，他们试图找到梦想中的乐园，最终，当他们无法找到时，就亲自创造了它。

——[爱尔兰] 乔治·肖伯纳

抵抗诱惑，坚定心中的信念

故事话题

曾经有一位非常富有却脾气古怪的老绅士，有一天，他想找一个年轻的男孩来照顾他的生活起居。一方面，他觉得小男孩的精力比较旺盛，体力好；而另一方面，他又觉得小男孩好奇心会比较重，而且没有什么克制力，经不起诱惑。

这个小镇上的男孩子们听说了老绅士的想法之后，纷纷向他自荐，短短的一个星期，老绅士就收到了 20 封求职信。于是老绅士从中挑选了 3 位比较满意的候选人，让他们来家里面试。

前两个男孩刚刚进入别墅内，都没有发现老绅士的身影，他们带着强烈的好奇心参观起这座别墅，并且都在大厅的桌子上发现了一个罩子。这个罩子下面放的是什么呢？两个男孩都没有抵挡住内心的好奇，掀开了罩子，可是罩子下面放的并非是美食，而是非常轻柔的羽毛，所以在他们掀开罩子的同时，羽毛就飞了起来。老绅士表示非常失望。

最后一个男孩和前面两个男孩一样，走进别墅的时候并没有人，可是他独自坐在房间里，并没有因为好奇而离开座位。后来，他就成为这位老绅士的小管家。

故事解析

当我们还在青春年华的时候，我们都在做梦，幻想着梦想实现的那一天。可是当我们真正走入社会之中，尝试到了太多的压力，看到了太多的诱惑，梦想逐渐地只能停留在我们的脑海之中，有人说，这是成长的代价，但是这不过是自己放弃了梦想的一个借口。

梦想，是人生前行时候的一份信仰，是指引我们前行的指路灯。或许我们最终并不能真正实现自己的梦想，或许现实总是让我们感觉梦想太过遥远，可是这一切都不是放弃梦想的借口，让每一天都充实起来，让每一分每一秒都快乐起来，让我们通过一点一滴的小事去追逐梦想，那么我们就在通往梦想越来越近的道路上。

即便是在今后的旅途上遇到再大的阻碍，也都不要轻易放弃自己的梦想。哪怕我们行将就木，也没达成自己的梦想，我们依然可以骄傲地说不后悔，至少为了梦想，我们奋斗过，拼搏过，这样的人生才足够精彩，这样梦想才不会褪色，因为梦想就是不放弃梦想！

故事穿越

东汉时期有一名得到世人尊敬的清官叫杨震，在他被调任到东莱太守的时候发生了这样一件事。

在他上任的路上路过冒邑，这个地方的县令王密就是杨震举荐的官员，所以在道义上也算是杨震的门生。当他听说杨震要路过此处，就决定好好“报答”一下生命中的贵人。于是他趁着晚上的时候悄悄地去拜访杨震，并且带了10斤黄金作为礼物。

但是杨震却非常坚决地拒绝了，他心里非常清楚，尽管王密嘴上说的是为了感谢老上级对自己的厚爱，但更重要的是，希望能够贿赂他以后多加关照。

王密觉得杨震此举非常不近人情，就说：“幕夜无知者。”意思就是说，这大半夜的，杨震即便是收下了黄金也没有人知道。

可是杨震立刻回答说：“天知、地知、你知、我知，怎说无知？”

王密听到这句话之后，非常羞愧，立刻拿着黄金狼狈而回。

故事微语

拒绝，是一个人最基本的态度的表达，是一个人最基本的一项权利。有很多人都曾经在心里有过这样的疑惑：明明知道这样做是不好的，但是却碍于情面，不忍拒绝，最终只得半推半就地同意了。

究竟是什么理由让他们无法拒绝别人呢？很多人都会回答是面子，大多数无从拒绝的都是来自朋友、亲人或者是同事，会认为如果拒绝了别人，就是不给别人面子，自己更加没面子。甚至有些人会在原则性问题上因为所谓的面子，而做了很多身不由己的事情。

但是，这种面子却并非是真正的尊严。拒绝别人，是为了坚守自己内心中的信念，是为了坚持自己的底线，是为了让自己心里毫无愧疚地工作和生活。帮助能够帮助的人，拒绝应该拒绝的人。

心灵箴言

静以修身，俭以养德。

——诸葛亮

历览前贤国与家，成由勤俭败由奢。

——李商隐

富贵不能淫，贫贱不能移，威武不能屈，此之谓大丈夫。

——《孟子·滕文公下》

多想一步，规避奋斗的风险

故事话题

马其顿国王亚历山大在 15 岁那一年，获得了父亲赠送的一匹烈马，这匹马非常漂亮，但是脾气也很彪悍，很多优秀的骑士做了种种努力都没能驯服它。亚历山大仔细地观看了骑士驯服烈马的过程，走到父亲面前信心十足地说道："只要您允许，我就能够驯服它！"

父亲非常担心，但一想到儿子竟然如此勇敢，也就同意了。只见亚历山大信步走到烈马的面前，慢慢拉过缰绳，然后用手轻轻地抚摸着它的身体。就在这个时候，他猛然拉着缰绳将马调转了一个方向，让它冲着太阳。烈马显现出非常慌乱的样子，而亚历山大也就借此机会跨上了烈马。烈马受到惊吓，先是抬起前蹄，然后又飞起后腿，在原地不停地打转。可是亚历山大却面不改色，稳如泰山，最终驯服了这匹烈马。

很多骑士都赞扬亚历山大的勇敢，他的父亲却非常好奇究竟是什么原因让他如此胸有成竹呢？原来亚历山大在观察其他骑士驯马的时候就发现，这匹马虽然性子烈，但是每次爆发的时候都是因为它看到了地上的影子，所以就知道了驯服这匹马的关键就在于让它看不到影子，只要将它调转方向就能做到这一点。

故事解析

多想一步，往往是指在普通的思考之后再多考虑一些。在下棋对弈的时候，往往能够听到这样一句话：落子之前，心中应有三步以上的招数。而反映在现实生活中，就应该是在处理事情之前，内心也有应对办法。

多想一步，是让我们更周全地看待事物，就好比亚历山大这样。众多骑士没能够驯服烈马，都是因为他们并没有进行周全的思考，可是亚历山大却做到了，也正是因为如此，他才能够驯服烈马。

在现实生活中，我们无论遇到什么事情，都不要轻易地妄下结论，而是应该站在全局的角度，全面思考，才能找到一个最合适的解决办法。

故事穿越

曾经有一家非常有实力的集团要招聘专业的策划，有很多人都看中了这个机会来应聘。很快，集团的人事管理就挑中了5名实力非凡的应聘者，并且将这份名单上报给了集团总裁。

总裁看了看资料，觉得5个人的实力不相上下，就决定先邀请他们共进午餐。午餐刚刚开始，总裁的电话就响了，他匆匆忙忙地站起来，对这5名应聘者说："不好意思，我要暂时离开一会儿，但请你们不要离开，我很快就会回来的。"

5名应聘者就坐在位子上等待。突然，餐厅的服务员跑过来说："总裁刚出门不久就撞车了，你们都去帮帮忙吧。"听到服务员这样说，其中4名应聘者纷纷跑了出去，只剩下1名年轻的小伙子留在这里，动也不动。果然，最终只有这名小伙子被聘用了。

事后，总裁问小伙子："你为什么不像其他人那样跑出去呢？"

小伙子笑着回答说："您离开之后超过了10分钟，服务员才跑过来说您出了车祸，那也就是说，您已经远离了服务员的视线范围，她是怎么知道您出了车祸呢？我不过是多想了一步，就想到这不过是您对我们的考核。"

故事微语

人在遇到突发情况的时候，往往会采取下意识举动，也是一种本能的反应，其他几位面试的人在听到总裁出车祸了这个消息之后，几乎都慌了阵脚，根本无暇去思考这个消息的真实性，可是这名成功的小伙子却注意到了这个纰漏，他的成功就来源于他比别人多想了一步。

人这一生总会遇到各种各样的突发情况，甚至有些事情是无法避免的，那这个时候，我们应该如何处理呢？最关键的就是要多想一步。

多想一步，就能够多考虑一些；多想一步，就能够更加理性；多想一步，就能够更加客观。只有做到了这些，才不会影响自己的判断，才能够更好地解决问题。

心灵箴言

天行健，君子以自强不息。

——《周易》

天下无难事，只怕有心人。

——[清] 袁枚

取得成就时坚持不懈，要比遭到失败时顽强不屈更重要。

——[法] 拉罗什富科

忍耐和坚持虽是痛苦的事情，但却能渐渐地为你带来好处。

——[古罗马] 奥维德

顽强精神，想象才能变成现实

故事话题

史蒂芬·威廉·霍金，这位当代最重要的广义相对论和宇宙论家，他的事迹可以说是在低谷处永不放弃的楷模。

霍金曾经也是一名非常出色的年轻人，和常人一样，他拥有健康的身体，是牛津大学和剑桥大学三一学院的优秀学生。然而就在他刚刚开始追寻人生理想的时候，他被诊断出患有“肌肉萎缩性脊髓侧索硬化症”(运动神经元疾病)，导致半身不遂。那时候的他还只是一个年仅二十多岁的年轻人，他的人生之旅可以说是刚刚开始。

面对残酷的命运，霍金并没有放弃梦想，也绝对不向命运缴械投降。他坐在轮椅上，克服着身体残疾的种种困难，继续钻研他的专业。这个时期，他在研究宇宙起源问题上，创立了宇宙之始是“无限密度的一点”的著名理论。

但是厄运还是没有放过他，1985 年，因为疾病，霍金丧失了语言能力，他无法再为自己的理论去四处进行演讲。这对于一个科学家来说同样是一个致命的打击，可是霍金依然没有放弃自己的梦想。为了能够和正常人一样交流，他选择了一台电脑声音合成器——用能活动的几根手指操纵着一个特制的鼠标器在电脑屏幕上选择字母、单词来造句，然后通过电脑播放声音，通常制造一个句子要好几分钟，为了合成一个小时的录音演讲要准备十余天。就是依靠这样的方法，霍金完成了自己的代表著作《时间简史》，成为世界经典名著。

故事解析

我们每个人一生的轨迹就是由各种各样的抛物线组成，有辉煌的顶端，自然也会有人生的低谷，毕竟我们不可能永远一帆风顺。身处低谷的时刻，往往是最考验人意志的时刻。

面对困境，我们该如何昂首走过，这着实是人生的一大学问，更是对意志品质的考验。在很多名人故事之中，我们常常能够看到这样励志的成分，无论是霍金、张海迪病魔缠身依然坚持学习，还是贝多芬扼住命运的喉咙，坚持音乐创作，对我们年轻人无疑都是一种激励。

身处低谷并不可怕，可怕的是因此而丧失斗志。在任何困难面前，我们的意志就是最好的盾牌，更能成为我们人生航船最好的风帆。

故事穿越

人在旅途，总会遇到各种坎坷，而我们的成长也正需要这些坎坷来打磨，中国有句老话“少年得志并非福”也就是这个意思。在困难和挫折袭来的时候，如何面对就成为我们人生的一个转折点——如果只能怨天尤人，那么我们必然失败；如果我们直面这些困难，哪怕是在人生的最低谷，都不轻言放弃，那么我们离成功还会远吗？

古往今来，任何一个成功的人都经历过很多坎坷——姬昌囚于羑里而演《周易》，孔子颠沛多国而作《春秋》，左秋明双目失明撰写出《左传》《国语》，屈原放逐乃赋《离骚》，孙膑刖足成就《孙膑兵法》……正如那首歌所唱：“不经历风雨，怎能见彩虹，没有人能随随便便成功”。在困难和挫折面前要有永不言败的精神和毅力，只有这样，才能体现出真正的人生价值，才能演绎出人生的辉煌。

英国首相丘吉尔的“成功秘笈”就是——“第一，决不放弃！第二，决不、决不放弃！第三，决不、决不、决不放弃！”所以，在面对人生任何一次失败的时候，不要轻言放弃，也不要被现实的困难压倒。

左传
周易
春秋

故事微语

在我们的人生中，挫折和失败可能会占据一定比例而存在，没有人能够真正一帆风顺地成长。面对挫折和失败，每个人都有不同的反应。

有的人能够在失败中积累经验、教训，或许他并不能真地战胜它，可是却能根据这次经历在今后的人生之中避免犯下同样的错误；有的人能够在失败面前越挫越勇，并且成功地战胜失败，达到一个全新的高度；还有一些人，整日都走不出失败的阴影。

其实，失败也是我们的“良师益友”。

在失败的时候，我们往往更容易认清自己，让自己沉淀下来，仔细分析，并且通过这种分析来重新权衡自己的能力。

失败其实并不是一件可怕的事情，回想一下，我们每个人都是在不断失败的过程中成长起来的，就好比婴儿时期学习走路一样，经过无数次摔跤才能够完全学会自己走路。人生就好比是我们学习走路的过程，所以，不要惧怕失败，而是要学会如何依靠顽强的精神去对抗失败，从而收获成功。

心灵箴言

我可以接受失败，但我不能接受放弃！

——[美] 迈克尔·乔丹

生活的道路一旦选定，就要勇敢地走到底，决不回头。

——[法] 左拉

一个人只要强烈地坚持不懈地追求，他就能达到目的。

——[法] 司汤达

要从容地着手去做一件事，但一旦开始，就要坚持到底。

——[古希腊] 毕阿斯

我们最大的弱点在于放弃。成功的必然之路就是不断地重来一次。

——[美] 爱迪生

向着某一天终于要达到的那个终极目标迈步还不够，还要把每一步骤看成目标，使它作为步骤而起作用。

——[德] 歌德

第五篇

幻想未来，让压力变为动力

每个人都有压力，俗话说：“人无压力轻飘飘”，压力，虽然是我们身上的负担，但同时也是我们的动力。虽然身上背负着压力，但是如果心存希望，那么就永远都不会停下自己追寻的脚步！

调整状态，不给自己太大的压力

故事话题

在雅典奥运会上，中国体操队经历了从开始失利到最后扭转战局的历程，可谓惊心动魄。她们不单单是顶住压力，更是将其化为动力。

最开始的时候，程菲在平衡木这个项目上失利，但是她在后来的自由体操上顶住了内心的压力，发挥非常出色，不给对手任何机会。但是，同样在平衡木项目上失利的美国选手萨克拉莫却没有调整好，被压力打倒，在后来的自由体操项目上出现了重大失误。

在这种关键时刻，只有忘掉这份压力，才能寻找到突破，才能转败为胜。

故事解析

在很多时候，人的内心中总会产生压力，在重压之下，人往往会陷入情绪低谷。但是我们不能被这种负面情绪所击垮。

就如同体操选手程菲，她抵抗住了平衡木失利带来的挫败感，顶住了压力，调整状态，才能在接下来的比赛中超常发挥，而美国选手却不懂得如何调整状态，最终惨遭失败。

在现实生活中，学生们在考试期间常常会听到这样一句话，无论是家长，还是老师，总会这样说：“无论上一科目考得如何，都不要去管，也不要去想，而是努力投入下一场考试。”其实这就是在帮助我们调整状态的一种方法。

当我们走出校园，进入社会之后，这种方法同样适用，总是沉迷在过去的失败中，又如何抬头向前看呢？

故事穿越

吴清源是日本棋坛的一位高手，曾多次登上棋坛霸主的宝座，可有一次竟败给了新手坂田。事后，吴清源寻找失败的原因，发现最关键的是双方参战时的心态。他是为了保住名誉而战，处于被动“应战”地位；而坂田刚刚出道，内心没有任何负担，他不必担心失败了会怎样，反而能够全身心投入，最终，正是这种沉着、冷静、轻松的状态打败了吴清源。

此次失利对吴清源的触动很大，他开始调整状态，以一个普通棋手的姿态向坂田“挑战”，这次果真转败为胜。

后来，有位新手与吴清源对弈，吴清源看出新手战战兢兢，十分紧张，就给他讲了一个故事。他说：“山上有这样一座庙，里面住着老和尚和小和尚。小和尚到山下买油，端着油碗上山时，生怕油洒出来，双眼盯着油碗小心翼翼地走。到了庙里时，油还是洒了一半。老和尚笑着告诉小和尚，走路时别把注意力放在油碗上，像平常一样放松就行了。小和尚照办，结果一滴都没洒出去。”

新手听懂了故事的含义，放松心情，轻装上阵，坦然面对吴清源的攻击，与他展开智慧的斗争，没想到这个新手竟胜了这位棋坛宿将。

故事微语

及时调整自己，让自己时刻保持良好的状态去应战，这才是一种人生智慧。过去的已然过去，无论是辉煌，还是失败，都只能够说明过去，人总是要向前看的，我们能够从过去的失败中吸取教训，内心不能因为过去的失败而被阴影所笼罩。

就如同吴清源在面对对手的时候，内心压力太重，反而失去了比赛先机。最终，他顿悟了，并且将它告诉给了新手，说明输赢对他而言已经不再重要，更重要的是享受对弈的过程。

其实人生何尝不是如此呢？如果将名利心放下，就不会那么重视结果，不重视结果，内心自然就没有太大的压力，自然就能以最好的心态去面对挑战。在这种自然放松的状态下，无论结果是什么，都不会给我们留下太多的遗憾。

心灵箴言

开诚心，布大度。

——康有为

最高贵的复仇之道是宽容。

——[法] 雨果

自出洞来无敌手，得饶人处且饶人。

——善棋道人

宽容并不是姑息错误和软弱，而是一种坚强和勇敢。

——周向潮

放松大脑，轻松一刻

故事话题

加拿大魁北克有一条南北走向的山谷，这个山谷并没有什么特别之处，唯一吸引少数游人到这里的原因就是在这条山谷的西坡上长满了松树、柏树，可是东坡却只有雪松。曾经也有人试图在东坡种植一些其他树种，可是每过一年的时间，这种新的树种就会死去，只有雪松能够傲然于东坡之上。

1993 年的冬天，有一对夫妇来到这里旅游，这一路上他们都非常沉默，原来他们已经准备要离婚了，但是又不甘心离婚，所以就来到这个他们最初相识的地方，将命运交给上天决定。如果这是一场浪漫的旅行，两个人就继续生活下去，否则就只能接受离婚这个现实。

在到达这里的第一天，山谷内竟然下起了鹅毛大雪，两个人只好支起帐篷，坐在帐篷里看外面的雪景。很快，妻子的目光就被东坡的雪松所吸引。雪松的树枝上很快就落了厚厚的一层雪，当雪积压到一定程度的时候，树枝就会向下弯曲，直到雪从树枝上落下，它再重新弹回来。因为雪松的树枝非常富有弹性，而其他树种却没有这样的本事，这也就是多雪的东坡只能种植雪松的原因。

妻子看到这里，突然哭泣了起来，她开始诉说自己在生活中遇到的种种压力，包括丈夫在无意中给她带来的。而丈夫也开始向她倾诉自己因为工作压力而忽略了家庭、忽略了妻子的感受。最终，两个人都决定，这段婚姻要重新开始，努力让自己成为一棵雪松，释放心里的压力。

故事解析

每个人在生活中都会有属于自己的压力，这份压力或许来自生活，或许来自工作，又或者是来自于朋友太过出色等等。这并不是什么难以启齿的事情，有很多人有这样一种误区，认为如果自己承认内心的压力巨大，就是脆弱的表现。于是就将心里的真实感受苦苦地压抑着，其实，无论我们是谁，我们都会有属于自己的压力。

在学生时代，压力就是一次次的考试，和一个个具体的成绩；在工作之后，压力就变成了每个月的工资条；成家之后，压力就是日复一日地辛勤劳动和柴米油盐的琐碎……

尽管压力存在于每个人的心里，可是每个人对待压力的方法却并不相同，就如同这则小故事之中的这对夫妻一样，他们并没有学会如何面对压力，可是当他们看到了雪松的柔韧性之后便在心里有了感悟，原来抵抗压力最好的方法就是“以柔克刚”。

故事穿越

有一个大型公司的项目经理，他非常有能力，每次他负责的项目都能在客户规定的时间内出色地完成，而且客户的反馈也都令人非常满意。有一次，公司又交给他一项任务，这项任务时间非常紧，要求他一周之内必须完成。并且这个项目足以影响到他所在的公司是否能够在行业内更上一层楼，所以，全公司上上下下的焦点都在这名项目经理一个人身上。

为了能够完成这个项目，项目经理不仅经常加班，甚至将自己的生活起居都搬到了办公室里。每天他都忙着整理数据、分析报表、总结归纳，再进行模拟分析等等，从早到晚忙得团团转。他的组员也同样如此。

其他组的成员都纷纷说，他们组可真是拼命了，如果自己调到那个组去，不知道是不是能承受住这么大的压力啊。

在第六天的时候，这名项目经理拿出了客户要求的方案，除了有一些细节处需要稍作调整之外，其他的客户都非常满意。当天晚上，公司老总就决定拉着全体员工给这个项目组人员庆功。

有一个其他部门的员工问项目经理："看你们前两天忙成那个样子，我都替你们觉得压力大啊，真辛苦。"

项目经理却说："压力这种事情，或许在外人眼里看来是非常恐怖的事情，可当你真正投入进去，专注思考自己的问题，自然也就忘记了压力，因为没有时间去思考那些事情。等事情结束了，再去想是不是压力太大，那时候就只剩下一身轻松了。"

员工听完，恍然大悟，原来这名项目经理能够在如此成功，并不仅仅是因为他的能力出众，更重要的是，在工作中，他将自己的全部精力都投入进去，不去思考任何杂事，也正是这种方法，让他在面对压力的时候仍然能够泰然自若。

故事微语

有很多人有过这样的经历，当压力太大的时候，曾经烦躁到什么都做不下去。其实，压力不过就是生活和工作的附属品，重要的还是我们的工作和生活。

正如同故事中这名项目经理一样，在很短的时间里带领自己的团队完成一个项目，这其中所承受的压力可想而知。如果他无法舒缓内心的压力，总是为压力所苦恼，那么他根本就无法专心于工作本身。面对压力，他并没有采取其他的措施，只是将自己的全部精神都专注到了工作上。

所以，在面对压力的时候，如果不能正确引导、疏通，那么就将自己的精力专注到其他方面上，这种"转移精神法"同样也具有很好的效果。

压力，虽然看不见摸不到，可是在生活中，它仍然能够影响到我们，所以正视压力、疏导压力、释放压力才能让我们用百分之百的精力去迎接新的挑战。

心灵箴言

被克服的困难就是胜利的契机

——[英] 丘吉尔

流水在碰到抵触的地方，才把它的活力解放。

——[德] 歌德

顺境使精力闲散无用，使我们感觉不到自己的力量，但是障碍却唤醒这种力量而加以运用。

——[英] 休谟

你所经历的困境、磨难、失败都是获得成功的必经之路，勇敢吧，去挑战他们相信自己，你会成功的！

——王绍男

多去想象，在幻想中勾勒美好

故事话题

在 1984 年，里根当选了美国总统。当时美国全国推荐了一篇优秀的小学生作文，其中的描写让人觉得非常富有联想力：

一批小学生在学校里读书，几节课过后，他们感到非常疲惫，老师为了让学生们稍 a 作休息，就将他们集体带到了户外去玩。

孩子们接触到大自然非常开心，突然一个小孩在树丛里发现了一个蛋。他很惊讶地大声叫喊出来，引起了学生们的注意，大家纷纷围了上来，猜测这究竟是什么蛋。

有的猜测是麻雀蛋。立刻有学生反驳，麻雀蛋没有这么大。

有的猜测是鸭蛋。立刻有学生反驳说，鸭蛋比这个个头小。

甚至还有人异想天开，认为这是一个恐龙蛋。

就在大家争论不休的时候，老师站出来说，大家都想知道这是什么蛋，那不如我们把它抱回到教室里，通过加温、孵化，看看孵化出来的究竟是什么小动物，不就一目了然了吗？

结果，大家猜猜出来的是什么？小鸡？小鸭？小鸟？都不对！里面走出了一个里根总统！

这就是被全国推荐的优秀作文，当然被推荐的原因并非是因为它有多么好的文笔，而是那种属于小孩子的丰富的想象和开放的思维，正是这些，让这篇作文赢得了社会的赞赏

故事解析

人们常说，儿童的世界是最纯净的，因为在儿童的内心之中，没有半点功利心。在他们的眼中，天空永远是一片蔚蓝，花朵永远是那么灿烂。这就是自然状态下的精神世界。

里根当选了美国总统之后，这篇来自学生们的作文，在很多成年人的眼中多多少少都带有调侃的意味，毕竟里根原本是好莱坞演员出身，却跻身于政坛之中。可是在孩子们的眼中，里根只是新一届的总统，这个身份并没有任何意义，他和任何一个普通人一样。

这就是自然状态下的想象，可以不受任何因素制约。成人的世界永远充斥着功利、名誉、社会地位等诸多条件，就连想象都被这种现实因素所影响，从而失去了想象最初的本质。可是这样的想象本身就失去了最核心的部分——自由。

所以，在想象的时候，请抛开世俗的认知，让想象回归到最自然的状态之中，才能收到最好的效果。

故事穿越

在1775年，北美独立战争爆发，当时英国殖民统治在海上称霸，尤其是他们的战舰，炮火非常猛烈，轮番对美国海军进行轰炸，致使美军伤亡惨重。

但是这一次的战争关系重大，美国众将领非常清楚，他们不能退让。其中一个叫布什内尔的将军，在经历这次英国海军不断炮轰之后，他就开始思考，如何能够战胜强大的英国海军呢？最好的办法就是能够直接炸毁英国战舰。可是英国的战舰规模美国根本就没有办法对抗，想要炸毁它就必须另想方法。

海洋唯有海面和海底，既然海面上的方法行不通，那么就从海底去想。如何能够在海底击毁英国战舰呢？布什内尔冥思苦想，却想不出好的方法。

有一天，他走到海边的礁石上，突然看到一条大鱼悄悄潜游到小鱼下方，猛然发力，向上一跃，就咬到了这条小鱼。看到这个场景，布什内尔突然灵机一动，如果能够按照这条大鱼一样制造出一艘舰艇，能在海底悄然潜伏到英国战舰下面，猛然一跃，就能够战胜英国战舰了。

后来，布什内尔就根据鱼潜水的原理建造了一艘船，它就是潜水艇的前身。

故事微语

布什内尔根据鱼在水里捕食的过程制造了潜水艇，但是这个发明最初却是源自于他的想象。英国海军实力雄厚，美国海军在它面前占不到一点便宜。布什内尔最初就是想找到一种解决办法，来改变这个现状。因为心中有这种念头，当他看到大鱼捕食的时候，才能迸发出灵感。

或许在布什内尔提出自己的大胆假设时，遭到了众多人的非议，认为他是异想天开，人怎么能像鱼一样潜入到海底呢？

可就是因为这种幻想，布什内尔制造出了潜水艇。在现如今的海军力量之中，潜水艇已经成为其中的核心部分之一，在此之前，又有谁能够想到这个幻想最终改变了世界呢？

无论是幻想，还是梦想，在没有实现之前，都是头脑里一个不成形的想象而已。只有当我们付出了努力，让这种想象早日成为现实，才是真正最有意义的事情。

心灵箴言

想象力比知识更重要。

——[古希腊] 柏拉图

没有想象力的灵魂，就像没有望远镜的天文台。

——[美] 爱因斯坦

凡是新的不平常的东西都能在想象中引起一种乐趣，因为这种东西使心灵感到一种愉快的惊奇，满足它的好奇心，使它得到原来不曾有过的一种观念。

——[美] 爱迪生

收获快乐，人生旅途也能充满欢笑

故事话题

观的心态，能够让一个原本平凡的人收获一个成功的人生，也能够让一个不幸的人收获简单的幸福和坚定的信念。

百岁老人柴田丰的诗集在日本大受欢迎，风头一时无人能比，人气直逼日本最著名的作家之一村上春树，很多读者都说，看了柴田婆婆的诗集，就仿佛感受到一丝清爽的风吹拂脸庞。可是，就是这样一个温暖世人的作者，她的一生可以说充满了坎坷。

在她 20 岁之后，因为父母的关系，嫁给了第一任丈夫，但是很快她就发现，对方是一个无赖，无奈之下，她只好选择离婚。

在她 33 岁那年，她的爱情之花终于开花结果，嫁给了一个厨师，幸福地度过一段时间，然而又没过多久，丈夫因病过世。自此之后，柴田丰便对爱情死了心，选择了独自生活。

然而，她并没有因此自暴自弃，仍然笑对人生。平日里，她时常和自己的老邻居们跳跳舞、锻炼身体。她热爱文学，喜欢阅读，就专门给自己打造了书房；她热爱化妆，子女们就常常买来护肤品、化妆品，让老太太自得其乐，尽管没有人再去欣赏她的美丽，可是她仍然喜欢化淡妆，即便是不出门，也要化上淡妆，图的就是自己照镜子的时候能够看到自己的笑容。

在她 92 岁的时候，因为儿子无意间的一句话，她开始写诗，尽管没有那些华美的辞藻，但是字里行间，都充满了一个九旬高龄的女子对于生活、对于爱情、对于希望的感悟。在她 98 岁那一年，她的处女诗集出版，并且引起了日本读者们的关注。

就是这样一个保持乐观心态面对生活所有坎坷的女人，在她寂寞生活了半个世纪之后，她用自己的感悟传递给世人一种态度——人生，本来就充满了阳光和希望，只要你乐观面对。

故事解析

乐观，是对生活的一种坦然，无论我们遭遇了什么，乐观能够成为我们最坚强的后盾。乐观不仅仅是简单的快乐，也不是一个单纯的微笑，而是人生的一种大智慧。

在现实生活中，太多人正是缺少了这种乐观的积极向上的心态，从而觉得人生苦多，似乎做什么都充满了困难。其实，人生之事不可能完全如意，如何看待，就和人的心态有直接的关系——有的人往往看不到如意之事，满眼只见灰暗，或者将不如意之事不断放大，自然就觉得生活充满了艰辛，满眼哀怨；而另一种人恰恰相反，他们往往能够忽略掉生活之中的不如意，每天都过得非常满足且快乐，这种人是生活的智者。

日本诗人柴田丰在一生之中遭遇了无数挫折，却从来不认为自己的生活充满了坎坷，或者是埋怨命运不公，她依然保持着乐观的心态去面对生活。即便是已经到了九旬高龄，她仍然没有放弃自己、放弃生活。当她看到现在的年轻人在碰到生活中的一点小挫折，就变得脆弱时，便用自己充满智慧、充满温情的文字，安抚当下人焦躁的内心。

因为乐观，我们才能更加坚强，能够在生活不如意的时候，依然保持一种积极的心态，去克服这些困难，让我们的内心真正强大起来，成为生活之中的强者。

故事穿越

著名小说家巴尔扎克的文学道路其实并非一路畅通，在他成名之前，他同样经历过很长一段时间的挣扎和痛苦。

原本，巴尔扎克是学习法律的，但是这并非是他的梦想，而是他父亲对他的期望。所以当刚刚毕业的巴尔扎克站在自己的父亲面前对他说，自己一点都不喜欢法律，更想做一名作家的时候，我们不难想象他父亲的震惊和盛怒。

但是巴尔扎克却坚持自己的想法，毫不妥协。为此，父亲便决定，不再向巴尔扎克提供任何生活费用，希望用这种方式让他妥协。很快，没有了生活来源的巴尔扎克就陷入了窘困的境地。他没有任何生活来源，往出版社寄出的手稿又毫无音讯。

这样穷困的处境并没有让巴尔扎克感到绝望，他依旧是乐观地面对这一切。在最困难的时候，他每天只能吃一点干面包就着白开水，可是他非常乐观，就餐的时候，他就在桌子上画很多个盘子，并且在盘子上写好“香肠”“火腿”“牛排”等字样，然后想象着自己正在享受这样的美食，狼吞虎咽地吃下难以下咽的干面包。

后来，在这种狼狈、穷困的日子里，巴尔扎克却用自己最后的一点积蓄买了一根手杖，并且请人在手杖上刻下一行字——“我将粉碎一切障碍”。事实上，巴尔扎克正是这样做的，在任何困难面前，他从未妥协和退缩，依旧是乐观地面对。果然，功夫不负有心人，最终巴尔扎克不仅成为了小说家，并且成为世界最著名的小说家之一。

故事微语

巴尔扎克之所以能够战胜生活的贫苦，从而完成自己的梦想，最终成为流传千古的著名作家，首先是他坚定的信心，其次就是来源于他内心对于生活的乐观。如果没有这份乐观，现实生活之中的贫困或许就会击垮他，那么世界上就会少了一位伟大的作家，只是多了一个非常平凡的律师。

乐观，能够成为我们坚持生活的勇气，也能够成为我们人生的盾牌。当我们面对失意、面对挫折和失败，需要的不仅仅是自信和勇气，更是乐观。

在我们的情绪中，总是有一种悲观的情愫，这种悲观的情愫常常会影响我们的判断，更容易影响到自我定位，让我们开始怀疑自己的能力，甚至开始妄自菲薄。而乐观，正是坚定我们信心的武器。

有人说："悲观是一场无形瘟疫，影响着我们的情绪；而乐观则是一场甘露，温润着我们的内心；悲观只能让人更加平庸，乐观才能造就卓绝；从成功的人身上，我们不难发现乐观的精神，从平庸的人内心，我们只能找到忧郁的影子。"所以，请做一个乐观的人，积极面对生活之中的任何坎坷。

心灵箴言

乐人之乐，人亦乐其乐；忧人之忧，人亦忧其忧。

——白居易

一个人也许会相信许多废话，却依然能以一种合理而快乐的方式安排他的日常工作。

——[英] 诺曼·道格拉斯

我们曾经为欢乐而斗争，我们将要为欢乐而死。因此，悲哀永远不要同我们的名字连在一起。

——[捷克] 伏契克

一个人的特色就是他存在的价值，不要勉强自己去学别人，而要发挥自己的特长。这样不但自己觉得快乐，对社会人群也更容易有真正的贡献。

——[美] 罗兰

积极人生，扫净内心的尘埃

故事话题

李嘉诚富甲一方，他的财富曾一度成为“香港首富”，但是李嘉诚从来都不浪费一分钱。

有一次，李嘉诚从会所出来准备回家，在拿车钥匙的时候，从兜里掉出来一枚2元钱的硬币，这枚硬币掉在地上之后，就滚到了车底下，并且卡在了车轱辘处。当时的情况是，如果李嘉诚不弯腰捡起这枚硬币，只要一开动车子，这枚硬币就会掉下下水道。

看到这种情况，李嘉诚毫不犹豫地准备弯腰捡起硬币。恰好在这个时候，会所的门卫看到了这边的情况，就连忙跑过来，弯腰从车底下捡起了两元硬币，交还给李嘉诚。李嘉诚接过钱之后，又给了门卫100元港币作为酬谢。

这个故事后来被媒体人知道了，他们在采访的时候，问李嘉诚既然能为了捡2元硬币而弯腰，为什么后来还会给门卫100元酬谢呢？

李嘉诚回答道：“我弯腰捡起硬币，并非是因为我爱钱，如果我不去捡那2元硬币，等我一开车，这2元硬币就会滚到下水道里，那么它就失去了它的意义。给了门卫100元钱，那么他就会拿这个钱去消费，这个钱并没有失去作用和意义，并且还促进了市场。”

在李嘉诚的心里，他最关注的并非是自己兜里的钱，更重要的是社会总价值，如果社会总价值增加了，那么个人损失一点点钱，并不算什么；相反，倘若是社会总价值减少了，自己即使收获了一定的钱财也是损失。

正是因为他有这样的理财观点，所以在生活、事业方面，一直保持一种“积极”的心态，所以才能让他收获成功。

故事解析

以积极的心态去面对一切，是生活教会我们的哲理。有很多时候，我们总是习惯性的低调，这或许是由于中国人比较信奉“中庸之道”，但是这并不代表我们要用消极的心态去生活。

李嘉诚在解决问题的时候，往往就会选择用积极的态度。2元硬币对于他而言，绝对是小到不能再小的数额，可是他却认为，宁可花费100元钱让它变得有价值，也不愿意为了省下兜里的100元，而让两元钱消失它作为金钱的意义。这就是一种积极的心态。

所以，无论遇到什么样的难以抉择的问题，积极面对才是真正解决问题的方法。

故事穿越

1902 年诺贝尔物理奖获得者塞曼从小就是一个成绩非常普通的孩子，没有任何迹象表现出他在某个方面有着过人的才华。塞曼的母亲看着儿子对于学习一点都不积极的状态，内心非常着急。

有一天，母亲将塞曼叫到自己面前，给他讲起了一件往事：

那时候，母亲身怀六甲，马上就要到了预产期，老家突然遇到了大洪水，她也被洪水卷入了波涛之中。当时的情况非常紧急，很快母亲就因在洪水里挣扎得过久而用尽了所有的力气。在疲惫之下，她曾经想过放弃，可是转眼她又想到肚子里的孩子，于是拼尽力气，抓住了一个屋檐的一角。

就这样，她终于以积极的态度等到了救援队，死里逃生。洪水还未退去，小塞曼降生了。看着襁褓之中的婴儿，母亲脑海之中想到了荷兰人的一句古训：“我要挣扎，我要探出头来！”

听到母亲讲述这个他并不知道的往事，塞曼内心充满了激动之情。他从不知道母亲为了自己付出了这么多努力，如果他再不积极学习、积极面对生活、积极去奋斗，他如何能够对得起当初母亲在洪水之中的苦苦挣扎呢？

在此之后，塞曼开始积极读书、积极生活，为了鼓励自己，他将母亲的照片做成了项链坠，时刻挂在胸前，提醒自己：无论遇到什么坎坷，都要用积极的心态去面对。后来，塞曼考上了大学，大学毕业之后，他留在学校成为一名助教。可这个时候，他的母亲却因为疾病过世了。

站在母亲的墓碑面前，塞曼虽然伤心、难过，但是同样在内心暗暗发誓：这一生无论遇到了什么事情，都要积极去面对、去克服。塞曼最终凭借着“塞曼效应”获得了 1902 年诺贝尔物理奖。

故事微语

我们的生活中，总会出现很多我们本身并不愿意看到的事情，比如自然灾害、人为破坏、亲人离世、健康摧毁等等，可是这个世界并不以我们个人意志为改变，我们仍然会遇到各种各样的问题。

面对问题时候的心态却能够成为我们人生的转折点。

塞曼的母亲在面对洪水的时候，没有坐以待毙，更没有盲目等待，而是努力挣扎，最终不仅成功地战胜了洪水，还保住了孩子的性命。而塞曼在面对业绩平平、不愿努力的处境的时候，终于明白积极进取的重要，最终成为了著名的科学家，并且获得了诺贝尔物理学奖。

纵观古今，能够以积极心态去面对生活、面对挫折的人，往往能够战胜它们，这就是积极的力量。

心灵箴言

面对光明，阴影就在我们身后。

——[美] 海伦·凯勒

微笑乃是具有多重意义的语言。

——[瑞士] 施皮特勒

生活就是面对真实的微笑，就是越过障碍注视将来。

——[法] 雨果

女人出门若忘了化妆，最好的补救方法便是亮出你的微笑。

——[美] 辛迪·克劳馥

当生活像一首歌那样轻快流畅时,笑颜常开乃易事；而在一切事都不妙时仍能微笑的人,才活得有价值。

——[美] 威尔科克斯

心灵榜样微史话

鲁班

鲁班，姓公输，名班，尊称公输子，东周鲁国人。因为他是鲁国人，又被称为鲁班或者鲁般。他是我国古代的一位出色的发明家，两千多年以来，他的名字和有关他的故事，一直在广大人民群众中流传。我国的土木工匠们都尊称他为祖师。

在劳动的过程中，鲁班充分开动智力，发明了包括木工工具、古代兵器、农业机具、仿生机械以及其他种类的发明，其中以锯子、鲁班尺、云梯、石磨等最为著名。

王安石

王安石（1021—1086），字介甫，小字獾郎，晚号半山，自号临川先生，汉族，临川人，北宋著名的思想家、政治家、改革家、文学家，唐宋八大家之一。

庆历二年（1042 年），进士及第。历任扬州签判、鄞县知县、舒州通判等职，政绩显著。熙宁二年（1069 年），任参知政事，次年拜相，主持变法。因守旧派反对，熙宁七年（1074 年）罢相。一年后，宋神宗再次起用，旋又罢相，退居江宁。元祐元年（1086 年），保守派得势，新法皆废，郁然病逝于钟山（今江苏南京），谥号“文”，故世称王文公。

王安石潜心研究经学，著书立说，被誉为“通儒”，创“荆公新学”，促进宋代疑经变古学风的形成，使儒学发展到一个新阶段。哲学上，用“五行说”阐述宇宙生成，丰富和发展了中国古代朴素唯物主义思想；其哲学命题“新故相除”，把中国古代辩证法推到一个新的高度。

王安石的散文论点鲜明、逻辑严密，有很强的说服力；其短文简洁峻切、短小精悍，充分发挥了古文的实际功用。其诗作早期注重反映社会现实，直截刻露；晚年诗风含蓄深沉、深婉不迫，以丰神远韵的风格在当时诗坛上自成一家，世称 “王荆公体”。

主要著作有《易义》《诗经新义》《论语解》《孟子解》等，多已散佚。有《王临川集》《临川集拾遗》等存世。

苏轼

苏轼（1037—1101），字子瞻，又字和仲，号东坡居士，是宋代重要的文学家之一，更是唐宋八大家之一，宋代文学最高成就的代表之一。嘉祐（宋仁宗年号，1056—1063）年间“进士”。他的文笔汪洋恣肆，豪迈奔放，与韩愈并称“韩潮苏海”。其诗题材广阔，清新雄健，善用夸张比喻，独具风格，与黄庭坚并称“苏黄”。词开豪放一派，与辛弃疾同是豪放派代表，并称“苏辛”。又工书画。有《东坡七集》《东坡易传》《东坡乐府》等。

张居正

张居正（1525—1582），字叔大，号太岳，汉族，幼名张白圭。明代湖广江陵（今属湖北省荆州市）人，时人又称张江陵。明朝中后期政治家、改革家，万历时期的内阁首辅，辅佐万历皇帝开创了“万历新政”。

张居正 5 岁识字，7 岁能通六经大义，12 岁考中秀才，13 岁时就参加了乡试，16 岁中举人。1547 年（嘉靖二十六年），23 岁的张居正考中进士。1567 年（隆庆元年）任吏部左侍郎兼东阁大学士。后迁任内阁次辅，为吏部尚书、建极殿大学士。隆庆六年，万历皇帝登基后，张居正代高拱为首辅。当时明神宗年幼，一切军政大事均由张居正主持裁决。

张居正在任内阁首辅 10 年中，实行了一系列改革措施。财政上清仗田地，推行“一条鞭法”，总括赋、役，皆以银缴，“太仓粟可支十年，周寺积金，至四百余万”。军事上任用戚继光、李成梁等名将镇北边，用凌云翼、殷正茂等平定西南叛乱。吏治上实行综核名实，采取“考成法”考核各级官吏，“虽万里外，朝下而夕奉行”，政体为之肃然。

1582 年（万历十年）6 月 20 日卒，年 58 岁，赠上柱国，谥文忠（后均被褫夺），张居正也是明代唯一生前就被授予太傅、太师的大臣。为万历所忌，去世后被抄家，至天启二年恢复名誉。著有《张太岳集》《书经直解》《帝鉴图说》等。

鲁迅

鲁迅，是伟大的无产阶级文学家、思想家、革命家，更是年轻人所熟悉的革命斗士。原名周樟寿，后改名周树人。字豫亭，后改为豫才。他出身于封建家庭，原本一直接受的都是封建教育，在他的青年时代，他第一次接触到进化论、尼采超人哲学和托尔斯泰博爱思想，并且深受其影响。

鲁迅原在日本仙台医学院学医，后弃医从文，希望用以改变国民精神。在辛亥革命后，他担任南京临时政府和北京政府的教育部部员、佥事等职务，并且在北京大学、女子师范大学等高校兼职授课。

鲁迅在中国的价值非常重大，影响也极其深远，尤其是他对中国人精神的深刻反思、对黑暗的坚韧反抗，都曾经鼓舞了无数青年学生。

柏拉图

柏拉图（约前 427—前 347），古希腊伟大的哲学家，也是全部西方哲学乃至整个西方文化最伟大的哲学家和思想家之一，他和老师苏格拉底、学生亚里士多德并称为希腊三贤。另有其创造或发展的概念包括：柏拉图思想、柏拉图主义、柏拉图式爱情、经济学图表等。柏拉图也记录了苏格拉底的一些话，为苏格拉底的名言，警示后人。

爱因斯坦

阿尔伯特·爱因斯坦，德裔美国物理学家。相对论的奠基者，20 世纪最重要的物理学家。

1879 年，他在德国乌尔姆市的一个犹太人家庭出生。

1900 年，在苏黎世联邦理工学院完成学业，加入瑞士国籍。

1905 年，在苏黎世大学哲学系获得了博士学位。并且在伯尔尼专利局任职，后又加入苏黎世联理工学院担任大学教授。

1913 年，返回德国，在柏林威廉皇帝物理研究所担任所长和柏林洪堡大学教授职务，并当选为普鲁士皇家科学院院士。

1933 年，爱因斯坦来到英国，被格拉斯哥大学授予荣誉法学博士学位。由于受到纳粹政权的迫害，脱离德国到美国，担任普林斯顿高等研究所教授，从事理论物理研究工作。

1940 年写了一篇著名论文——《我不信仰一个人格化的神》。

1955 年 4 月 18 日，病逝于普林斯顿。

爱因斯坦的一生对于科学的发展有着至关重要的贡献，他为核能的开发奠定了坚实的理论基础，并且对于现代科学技术都有非常大的深刻影响，被世界公认是继伽利略、牛顿以来最伟大的物理学家。面对这样高的荣誉和称赞，爱因斯坦并没有因为这一切而改变自己科学研究的初衷，更没有被巨大的经济利益所诱惑。这就是一个值得我们世人学习的榜样。

牛顿

艾萨克·牛顿（1643 年（格里历）—1727 年）爵士，英国皇家学会会长，英国著名的物理学家，百科全书式的“全才”，著有《自然哲学的数学原理》、《光学》。

他在 1687 年发表的论文《自然定律》里，对万有引力和三大运动定律进行了描述。这些描述奠定了此后三个世纪里物理世界的科学观点，并成为了现代工程学的基础。他通过论证开普勒行星运动定律与他的引力理论间的一致性，展示了地面物体与天体的运动都遵循着相同的自然定律；为太阳中心说提供了强有力的理论支持，并推动了科学革命。

在力学上，牛顿阐明了动量和角动量守恒的原理，提出牛顿运动定律。在光学上，他发明了反射望远镜，并基于对三棱镜将白光发散成可见光谱的观察，发展出了颜色理论。他还系统地表述了冷却定律，并研究了音速。

在数学上，牛顿与戈特弗里德·威廉·莱布尼茨分享了发展出微积分学的荣誉。他也证明了广义二项式定理，提出了“牛顿法”以趋近函数的零点，并为幂级数的研究做出了贡献。

在经济学上，牛顿提出金本位制度。

J.K.罗琳

J.K.罗琳（J.K. Rowling），1965 年 7 月 31 日出生于英国格温特郡，毕业于英国埃克塞特大学，英国作家。

1989 年，24 岁的罗琳有了创作哈利·波特的念头。

1997 年 6 月，推出哈利·波特系列第一本《哈利·波特与魔法石》。

随后，罗琳又分别于 1998 年与 1999 年创作了《哈利·波特与密室》和《哈利·波特与阿兹卡班的囚徒》。

2001 年，美国华纳兄弟电影公司决定将小说的第一部《哈利·波特与魔法石》搬上银幕。

2003 年 6 月，她再创作出第五部作品《哈利·波特与凤凰社》。

2004 年，罗琳荣登《福布斯》富人排行榜，她的身价达到 10 亿美元。

2005 年 7 月推出了第六部《哈利·波特与混血王子》，2007 年 7 月推出终结篇《哈利·波特与死亡圣器》。

截至 2008 年，《哈利·波特》系列 7 本小说被翻译成 67 种文字在全球发行 4 亿册。

2010 年，哈利·波特电影系列的完结篇《哈利·波特与死亡圣器》拍摄完成。

巴尔扎克

奥诺雷·德·巴尔扎克，法国小说家，被称为现代法国小说之父，生于法国中部图尔城一个中产者家庭，1816 年入法律学校学习，毕业后不顾父母反对，毅然走上文学创作道路，但是第一部作品五幕诗体悲剧《克伦威尔》却完全失败。而后他与人合作从事滑稽小说和神怪小说的创作，曾一度弃文从商和经营企业，出版名著丛书等，均告失败。商业和企业上的失败使他债台高筑，拖累终身，但也为他日后创作打下了厚实的生活基础。1829 年，他发表长篇小说《朱安党人》，迈出了现实主义创作的第一步，1831 年出版的《驴皮记》使他声名大震。他要使自己成为文学事业上的拿破仑，在 30 至 40 年代以惊人的毅力创作了大量作品，一生创作甚丰，写出了 91 部小说，合称《人间喜剧》。《人间喜剧》被誉为“资本主义社会的百科全书”。但他由于早期的债务和写作的艰辛，终因劳累过度于 1850 年 8 月 18 日与世长辞。

心灵修养用语微解

钻研：1. 深入研究。2. 指用心思虑，费尽心思。

灵活：1. 敏捷；不呆板。2. 善于应变；不拘泥。

勤奋：认认真真，努力干好一件事情，不怕吃苦，踏实工作。

冒险：指不顾危险地进行某种活动。《现代汉语词典》解释为：不顾危险从事某种活动。

机遇：即时遇，指后天的机遇和时间。被理解为有利的条件和环境。可以按照字面意思理解为忽然遇到的好运气和机会。

创新：以现有的思维模式提出有别于常规或常人思路的见解为导向，利用现有的知识和物质，在特定的环境中，本着理想化需要或为满足社会需求，而改进或创造新的事物、方法、元素、路径、环境，并能获得一定有益效果的行为。

灵感：在我国古代没有“灵感”一词，它于“五四”时期被介绍到中国。是由英语 inspiration （烟士披里纯） 音译，在英语里“inspiration”指的是一种灵气；在希腊语中指的是“神的灵气” 。后来，先儒们就译成了汉语“灵感”一词。

突破：集中兵力向一点进攻或反攻，打开缺口。吴运铎《一切把献给党·我们的平射炮》：“一九四三年夏天，在江南坚持战斗的六师兵工厂一部分同志，突破敌人的重重封锁，来到了 淮南 。”冲破；超过。 杨朔《迎春词》：“不突破风雪重围，春天是永远不会诞生的。”沙汀《柳永慧》：“让我们来突破你的八百万吧！”

诱惑：是存于世上的一种奇怪的东西，你会为之疯狂而不能自已，而它之所以存在，是因为人的一生不断地被欲念刺激，所以为诱惑折磨一生。 人存于世上，首要面对的是物质上的诱惑，然后才是精神上的诱惑。精神诱惑，指追求浮名、执着于表现、突显自我、或是指对知识领域过度探求。权势、地位、名利、金钱，这些都是诱惑。抵挡诱惑，这样才能更好。

束缚：指捆绑、被囚禁、限制等意。《国语·齐语》：“庄公将杀管仲。齐使者请曰：‘寡君欲以亲为戮……’於是庄公使束缚以予齐使，齐使受之而退。”《史记·李斯列传》：“李斯拘执束缚，居囹圄中。”宋·陆游《书感》诗：“幸得还故园，快若解束缚。”章炳麟《訄书·定版籍》：“农夫占田寡，而为佣耕。其收租税，亩钱三千以上。有阙乏，即束缚诣吏。”

以理服人：指用道理来说服人。

恰到好处：刚好。指说话做事正好到了最合适的地步。

游刃有余：比喻技术熟练，经验丰富，解决问题毫不费力。

患得患失：忧虑利益的得失。后引申为一味担心得失，斤斤计较个人的利害。

四世同堂：指祖孙四代共同生活，无一人离世。即曾祖、祖父、父亲、儿子。

豁然开朗：豁然：形容开阔；开朗：开阔明亮。从黑暗狭窄变得宽敞明亮。比喻突然领悟了一个道理。

逆向思维：也叫求异思维，它是对司空见惯的似乎已成定论的事物或观点反过来思考的一种思维方式。敢于“反其道而思之”，让思维向对立面的方向发展，从问题的相反面深入地进行探索，树立新思想，创立新形象。

持之以恒：谓有恒心，持续不间断，老是那么一股劲地进行。语出曾国藩《家训喻纪泽》：“尔之短处，在言语欠钝讷，举止欠端重，看书不能深入，而作文不能峥嵘。若能从此三事上下一番苦工，进之以猛，持之以恒，不过一二年，自尔精进而不觉。”